认识自我

总主编／孙向晨 林晖
本册主编／林 晖

复旦哲学讲堂

泰山出版社·济南·

总序

青春的"哲学时刻"

人们常常以密涅瓦的猫头鹰来比喻哲学。密涅瓦是罗马神话中的智慧女神,她的肩头总是栖落着一只猫头鹰,这只猫头鹰代表着理性与智慧。德国哲学家黑格尔就用密涅瓦的猫头鹰来比喻哲学,并且说它要等到黄昏时分才起飞。因此人们总以为哲学是一项属于长者的智力活动。然而,黑格尔借此强调的是哲学的反思能力,是对认识的再认识,是对思想的再思想。这种反思能力的自觉与强化正发生在我们的青春时刻。

事实上,哲学的反思是每个人与生俱来的能力,但是日常生活的忙碌常常使我们忘却了自身的这项天赋。生活是如此地常态化,学习也变成了记忆与背诵的过程,人们全然忘却了自己对于天地万物曾是如此惊异,全然忘却了自己对于人生百态曾有的种种困惑。孩子们常常会产生一些疑惑:假如我没有出生,那么在我位置上的这个人会是谁?我为什么会在宇宙中?我怎么能知道眼前的一切不是梦而是一个真实世界?许多孩子都会提出诸如此类"不着边际"的问题,大人们可能会觉得这是孩子气的傻问题,孩子在长大以后也会忘记自己曾提出过这些问题,但在哲学里,许多根本性问题都会变着法儿地被留存下来。

亚里士多德在《形而上学》中早就告诉过我们,哲学起源于惊异。我们每个人都会惊异,都会困惑,也都会产生许许多多的奇思妙想,这正是我们的天赋能力。在这个意义上,每一个人都能成为哲学家。对于惊异与困惑的自觉正从青春开始。"青春"意味着生命的一种新的开端,意味着给生命带去新的内容;这种"新"都是由"我"的惊异和"我"的困惑带来的。从某种意义上讲,青春与哲学的诞生是同步的。青春以发现"自我"为标志,从年少懵懂到开始思考人生、思考世界;青春是一个形成"自我"的时期,在这个过程中会不断地强化自己的反思与批判能力,从而发现那个独特的"我"。哲学也正是从发现"自我"开始的,古希腊哲学家苏格拉底援引德尔斐神庙的箴言就是"认识你自己",儒家也常说"反身而诚"。认识自己也是认识世界、认识社会的开始。无论中西,开始思考哲学问题都是"走向成人"的必要环节,人生所追求的正是对自身信念和原则的自觉与坚守。

哲学基于对人类、对自然、对社会、对历史、对存在永恒困惑的回答而发展起来,并形成了我们对于世界的根本性理解。我们正是依据这些根本性的信念与原则来生活的,塑造我们的价值观,指导我们的行动。只有形成了一种世界观、价值观、人生观,才能安放我们所学的各种知识,才能形成生活的坐标,才能找到生活的意义。理智的头脑并不盲目接受任何教义,哲学始终以批判的眼光来审视周遭的一切。哲学意义上的"批判"就是要不断地追问"何以"如此、"为什么"如此、"凭什么"如此，这种追问有助于我们梳理各种学说，澄清各种问题，推进各种论证，进而为我们的生活做出更好的判断。

学习哲学就是要学会尊重自己的各种困惑，不断提升自己的反思能力。即便生活中有很多问题并没有明确答案，但敢于保持疑惑是我们智力上的巨大财富。日常生活常常会泯灭人们对世界的各种惊异，哲学就是要唤醒这种惊异的能力，这也是我们创造世界的根本动力。哲学作为一种反思能力与生俱来，但这与人类文明史中的哲学活动还是有很大区别。哲学是一种专业的思想活动，在历史上形成了各种学说，积淀了大量的概念与范畴，学会正确地理解中外哲学思想、精确地使用各种哲学概念，是帮助我们训练自身哲学能力的一条有效途径。

哲学学习不同于以往的学习经历，更像是一场学习革命。学习似乎就是为了去知道更多的东西，这固然有几分道理，但这样的回答显然忘记了学习背后的根本目的——学习本质上是要培养一种思考问题、探究真理的能力。哲学学习固然要借助哲学史上的许多知识，但更重要的是要去理解人类历史上的伟大哲学家们是如何来进行思考的。哲学学习拒斥一种"知道主义"，知道这或知道那并不是哲学学习的目的。学习的开端首先是要思考我为什么会提出这个问题，我为什么要思考这个问题，我究竟如何来思考这个问题。这样的思考始终根植于每个人鲜活的生命之中。

哲学学习是对各种知识结构与前提的深层次分析与反思。在各个知识领域的名称后面加上"哲学"两字，没有任何不妥之

处，如政治哲学、社会哲学、经济哲学、物理哲学、数学哲学、宗教哲学、艺术哲学，甚至体育哲学、休闲哲学等。这就是哲学的特性。哲学追求思考问题的深度，是一种更为彻底的分析、一种更为透彻的探究和一种对于预设前提的再思考。哲学学习是一场马拉松，对思辨与反思能力的提升永无止境。虽然它并不能给你带来眼前的具体利益，但它是过一种经得起审视的生活的必要条件。每一个学习哲学的人，都要做好长久学习的心理准备，做好扎实的思想准备；这样未来才可能看得更高，走得更远。哲学是一场追求智慧的马拉松，也是一种拒绝愚蠢的坚定力量。

复旦大学哲学学院近年来一直致力于对青少年哲学能力的培养，在暑期都会举办"全国中学生哲学夏令营"。今天的中国有越来越多的中学生对哲学产生浓厚的兴趣，他们努力思考人生，认真阅读经典，积极参与夏令营的各项活动。这是一项完全公益性的学术活动，我们希望在中学生成长过程中，能够加入哲学的思考环节，让青春有来自哲学的陪伴与助力。学院的老师也是倾其所有来拥抱这些有着探索和批判精神的同学们，他们讲义的出版将会惠及更多的青年人。

是为序。

孙向晨

2022年2月14日

卷首语

哲学经常被看作某种理论化、系统化的对于世界的认知，或是被看作某种基础方法论；但与此同时，哲学在最广泛的意义上也应该是一种教育，是一种关于人的根本性的教育。这种教育无处不在，伴随人的一生。青少年对于哲学问题的好奇和思考是与生俱来的，这种哲学之问带来的强烈兴趣最初或许是不自觉的、时断时续的，但对于这种兴趣的保护却是极为重要和必要的。高校拥有专业的学科资源，除了学术研究和专业人才培养之外，这些专业资源如何有效地辐射社会，满足社会在这方面的需求，尤其是青少年群体在特定年龄阶段的哲学之问的需求，是我们一直关注的问题。

2019年夏天，复旦大学哲学学院组织了主题为"认识自我"的首届"复旦大学中学生暑期哲学课堂"，来自全国各个中学的102名优秀中学生参加了这次为期5天的暑期活动。围绕"认识自我"这一主题，复旦哲学学院的老师们在这次哲学课堂上做了6次讲座，分别是王德峰老师的《认识你自己》，郁喆隽老师的

《自我同一性之谜》，徐英瑾老师的《自我与他人——一些哲学思考》《泛谈心灵哲学基本问题》，张志林老师的《科学哲学与科学学习》，以及郑召利老师的《知识变革与批判性思维》。本册中的另两篇文章，即尹洁老师的《什么是自我》和王春明老师的《从"我思"到"自我"》，内容与"认识自我"的主题十分契合，也是两位老师为中学生做的讲座，因此收入本册。

  这些讲座从哲学发展的角度阐述并深入分析了自我同一性、身体与心灵、自我与他者、自我与世界、自我认知的变革等哲学中的经典问题，从理论本身发展演变的角度和不同理论之间比较的角度探讨了"认识自我"这一哲学领域中的核心问题，帮助参加暑期哲学课堂的同学们在一个更广的视域中更清晰地理解这个问题，进而提升理论思维能力。

  除了以上的讲座，暑期哲学课堂还组织了中学生哲学论坛，进行了分组讨论交流，由复旦哲学学院的研究生助教主持；复旦哲院的老师们则对同学们提交的论文进行了点评和指导。

  我们希望，"中学生暑期哲学课堂"不仅是复旦大学哲学学院用专业资源来服务社会的一个新起点，也是青少年读者们不断激发哲学之问的一个新起点，是在一个不断生长的、更宽广的维度上认识自我的一个新起点。

林晖
2022年2月19日

目录

认识你自己 / 王德峰　　001

自我同一性之谜 / 郁喆隽　　013

从"我思"到"自我" / 王春明　　035

自我与他人——一些哲学思考 / 徐英瑾　　046

什么是自我 / 尹　洁　　081

泛谈心灵哲学基本问题 / 徐英瑾　　089

科学哲学与科学学习 / 张志林　　120

知识变革与批判性思维 / 郑召利　　153

认识你自己

复旦大学哲学学院教授、博士生导师 ◆ 王德峰

> 古希腊人在德尔斐神庙刻下了"认识你自己"的警句，意味着对自我的追寻成为哲学上的自觉要求。故曰，"古之学者为己，今之学者为人"，"为己"即"成己"，在认识和成就自己的过程中体现人生的至高追求。古今中外，无数学者就此提出了各自的洞见。那么，我们能从他们的洞见中得到何种启发，又该如何对此做进一步的思考呢？

一 哲学何为："认识你自己"

上海各高校曾有一延续多年的传统：每年高考之前，各校各院系于体育场设摊，接受来自应届高中毕业生及其家长的咨询。复旦大学哲学学院的摊位位于门庭若市的金融学摊位和新闻学摊位之间，愈发显得门可罗雀。偶有前来咨询的学生或家长，开口第一句话必是："哲学有什么用？"在得到"没什么用"的答复后，他们显得十分惊诧："既然没用，为什么还要开

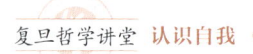

设哲学专业？"

上述场景在相当程度上反映了哲学学科在当今中国的真实处境。在改革开放的早期阶段，自然科学成为显学，时人有言："学好数理化，走遍天下都不怕。"随着改革开放的深入，计划经济体制向市场经济转变，由此引发了整个社会的转型，社会科学受到高度关注，其中的经济学是目前的显学。相较之下，作为"无用之学"的哲学则处于被边缘化的尴尬境地。

但另一方面，这种情况正在逐渐发生改变。以中央电视台的节目《百家讲坛》为例，该节目中的主讲嘉宾多为人文学者，主讲内容为历史、文学等人文学科方面的知识。出人意料的是，该节目的收视率长期居高不下，人文学者也成为万众瞩目的"名师"。可见，随着社会的发展，人们终于意识到，"科学"不能解决一切问题，我们仍然需要人文学科与人文思考。

若对人类的学问做最基本的分类，可分为"自然科学"（natural sciences）、"社会科学"（social sciences）和"人文学科"（humanities）三个大类。值得注意的是，此处称"人文学科"而不称"人文科学"，换言之，它不是与"自然科学"和"社会科学"并列的又一类"科学"，而是与科学有着本质差异的学问。自然科学和社会科学同属"科学"，都是对外部世界的正确描述及对其规律的揭示，都提供关于外部世界的客观知识，两者的区别仅仅在于，前者面对的外部世界乃"自然世界"，后者则以"人类社会"为认识对象；人文学科则与前两类学问截然不同，它不属于科学，并不给我们客观"知识"，而是展开"思想"和"智慧"。"科学"与"人文学科"的分殊意味着科学并不占据人类学问的全部，更非对人类一切问题的解决方案，"在科学中"不等于"在思想中"，"在知识中"不等于"在智慧中"。

在人文学科所包含的一系列学科中，哲学乃最重要的一支。历史学、宗教学等其他人文学科的研究都以哲学思考为前提。作为一切人文思考之前提的哲学究竟是一门怎样的学问？千年以来，无数哲学家为此聚讼不已，在某种程度上，"哲学何为"本身即一个哲学问题。就构词法而言，古希腊语中的"哲学"一词由"爱"和"智慧"构成，"哲学"即"爱智慧"。然而，这一释义又引发了下一个问题："何谓智慧？"根据"智慧"一词指向的不同，古希腊哲学可分为两个发展阶段：第一阶段的主题是"自然"，旨在追索世界本原和自然规律；第二阶段以苏格拉底为代表，其主题是"人生"，主张"未经审视的人生不值得度过"。由此，哲学从天上被拉回了人间，对人生进行系统性反思成为哲学的核心主题，德尔斐神庙格言"认识你自己"就是对该阶段哲学的准确表述。

何谓"自己"：应无所住，而生其心

那么，作为哲学认识对象的"自己"究竟是什么？在此，我要援引佛学核心经典《金刚经》中一句话——"应无所住，而生其心"，以区别日常语言中的"自己"和哲学语境中的"自己"，以及区别作为心理学对象的"自己"和作为哲学主题的"自己"。

所谓"住"，指的是"住相"。"相"指万物众生间的高低

贵贱、殊异差等，例如，"某人的包比我的包价格昂贵、做工精良"即一种"相"。而"住相"或"不住相"则是人心的状态。"住"，"留"也。所谓"住相"，即停留于万物众生高低贵贱的分别之中；而"不住相"则意味着放下分别心，例如，当我意识到"尽管某人的包比我的包价格贵、质量好乃客观事实，但不妨碍我的包也同样是包"时，我就脱离了住相状态。

上述两种不同的状态对应着两种"心"，亦即两种"自己"、两种"我"。住相时的"我"乃"小我"，或曰"业识"，由色、受、想、行、识"五蕴"构成："色"即通过五种感官获得的外部世界的现象；"受"即与外部世界交互作用所产生的感受，例如"蜜糖为甜，黄连为苦"；"想"即由苦乐之分所导致的趋乐避苦之欲望；"行"即去实现欲望的意志；"识"即帮助意志达成目标的意识。概言之，日常语言中所谓"我"，即"小我"，由"业力"构成；每个"小我"的不同，源于业力的不同；此时的"心"是假的，并非本心。而不住相时的"我"，则是"大我"，或曰"本心"。唯不住相，本心方起。惠能听闻五祖弘忍对此句的讲解后，发出感慨："何期自性，本自清净；何期自性，本无生灭；何期自性，本自具足；何期自性，本无动摇；何期自性，能生万法。"这一感慨便是对这种"大我"的准确表述——它是清净、圆满、不生不灭、不为外境所撼动的，万事万物的真实意义只向它呈现。

"大我"才是哲学的真正对象，"小我"则是心理学的话题。心理学所谓"认识你自己"，剖析的是"五蕴"构成的"小我"，心理医师经由"倾听、转移注意、药物"三个步骤，缓解"小我"们的焦虑或忧郁。然而,心理学方法并没有从根本上解决焦虑和抑郁问题。哲学所谓"认识你自己",所欲认识的则是本心,这要求我们放下"小我",去认识那个剥离了"医生""工程师""公务员"等身份之后的本真之"人"。由此,对哲学对象的界说又反过来进一步明确了哲学学科的意义——之所以说哲学具有本质上的重要性,是因其帮助人们放下"小我",认识本心,从而从根本上消释"小我"之焦虑,为无往而不身处焦虑的现代人提示了摆脱异化之路。

具体而言,对于中国人来说,"认识你自己""认识大我"则意味着尝试澄清"我作为中国人究竟意味着什么"这一问题。由于各民族哲学思维、宗教信仰、精神气质的不同,直接提问"人生的意义是什么",乃是一种抽象、空泛之问。我们只能追问"中国人的人生意义是什么""西方人的人生意义是什么""阿拉伯人的人生意义是什么",等等。

从哲学的主题上看,西方哲学的主题是"知识",而中国哲学的主题是"人生":前者将人生问题之解决视作知识问题之解决的结果,好的人生即按照理性的法则生活;后者则认为知识问题之解决以人生问题之解决为前提,故在某种程度上更宜被概述为"认识你自己"。不同的哲学主题进而导向不同的行为模式、历史进程,最终面临不同的现代性问题与危机:西方人的近代史是在理性光辉下大刀阔斧地改造自然与社会的历史,一系列成功的改造带来"无限进步"的乐观想象,直至两次世界大战将欧洲人从迷梦中惊醒,他们终于在人类史上最大规模的自相残杀中领悟了尼采关于"上帝死了"的预言,带着困惑与痛苦思考"我们欧洲人究竟是谁",最终在哲学上重新转入以"人生"和"自我认识"为根本主题的存在主义[①]。中国的近代史则是不断向西方学习的历史,近代西方的强势文化携带着资本与技术的力量击碎了中国自古以来面对异族时的文化自信乃至文化优越感。中国人在一败再败之后开始虚怀若谷、认真勤奋地全面向西方学习。然而,即便在几乎完全西化的教育体系中成长,中国人也终究不是西方人,终究无法成为西方人,因此我们仍在不断地追问"中国人究竟是谁""我作为中国人究竟意味着什么"。

例如,许多出生于二十世纪八九十年代的人曾相信"中国人"无非是一个人种学的概念,他们认为自己是"世界公民",然而,这些人在出国留学后很快遭遇了"文化震荡"(cultural shock),进而意识到"中国人"绝不仅仅是人种学概念。以亲子关系为例,中国人眼中的亲子关系是伟大的人伦亲情。我在我儿子出生的那一天觉得天空特别蓝,心中充满为人父的喜悦与责任感。

在这一意义上,可以说,中国人的人生意义就是牵挂。中国人因与至亲至爱、亲朋故旧的彼此牵挂而畏惧死亡、留恋此世。这种在人伦情感中的牵挂就是中国人的"自己",是作为文化学概念的"中国人"之核心所在。

[①] 存在主义(existentialism):兴盛于两次世界大战之间和之后的西方哲学流派,以海德格尔、萨特等人为代表,重视人于本无意义的物质宇宙中创造意义的过程。

三　如何"认识"："语言是存在之家"

那么，我们究竟缘何历经百余年西化却仍是文化学意义上的中国人？这一问题的答案埋藏于汉语之中。举凡以汉语为母语者，便是文化学意义上的中国人。换言之，"自己"脱胎于语言——语言是存在之家，人以语言之家为家。人对世界的基本理解框架和基本的生命情感、人生态度无一不在语言中形成。正是由于汉语与印欧语系具有截然不同的语词和结构，中国文化才与欧洲文化存在本质的差异；正是由于汉语使我们自觉或不自觉地浸润在中国文化中，我们才成为中国人，追求着不同于欧洲人的人生价值。不以汉语为母语的华裔就是典型的反面例子：有些华裔虽在人种上与中国人相同，然其母语为英语而非汉语，故其思维也在英语中而非汉语中，虽在面容上似我族类，却在观念上其心异也。

因此，若要"认识自己""理解自己作为中国人究竟意味着什么"，最有效的途径即深入我们的母语。汉语的大量日常词语就凝结着儒、释、道的核心思想，这些无法用欧洲语言翻译的词语乃是中国独有文化的载体。当一个人使用这些词语时，就业已浸润于中国思想之中，无论其本人是否承认、是否自觉。

例如，在"仁至义尽""为富不仁"等日常词语中，包含着儒家的基本观念："仁"。"仁"既非"私人之爱"（love），也非爱无差等的"博爱"（universal love），而是"推己及人"的爱。曾子有云，"夫子之道，一以贯之，忠、恕而已"，盖谓这种推己及人的"仁"包含"忠""恕"两个方面:"忠"即正向的推己及人,所谓"己欲立而立人,己欲达而达人"(若欲实现自己的生命理想,则应意识到他人也有其生命理想,并帮助他人去实现其生命理想),每个人都生活在与他人的关系中,不可能脱离与他人的关系而实现自己的理想。例如,若企业家的理想与员工的理想背道而驰,则企业家必难实现其理想。一所大学之理想的实现必然以学术共同体中师生理想的实现为前提。简言之,儒家思想中的"忠"不是对某人或某组织的效忠(loyalty),而是守护自我与他人关系中的共同价值。"恕"则是反向的推己及人,所谓"己所不欲,勿施于人"(若你自己不愿被如此对待,则不应如此对待他人)。儒家思想中的"恕"也不是所谓"宽容、宽恕"(tolerance),而是对他人推己及人的体谅。此外,儒家思想的另一核心概念"孝"在欧洲语言中亦无对应词语,既非"尊重"(respect),也非与父母之爱或朋友之爱等同的"爱"(love),而是在人伦生活中,尤其是在"子欲养而亲不待"等无可挽回的极端情况下的痛彻心扉中,所具有的特定情感。

再如,道家的核心观念:"道"。"道"既非"客观规律"(law),也非"道路、方式"(way),它只能被音译为"tao"。这一汉语独有的语词凝结了道家学说的精华。道家之所以反对"人为",盖因其重"天"而轻"人"。儒、道两家作为中国哲学思想的两脉主流,以"天人合一"为共同出发点,区别在于前者侧重"人",而后者侧重"天"。例如,《道德经》有言:"人法地,地法天,天法道,道法自然。"在道家看来,人类生活的幸福均来于天,而麻烦与苦恼则源于人自己。"人为"

合为"伪",亦即虚假、造作,故道家是教人做减法,主张不断减去人为因素而复归自然,即所谓"为道日损,损之又损,以至于无为"。

同时,中国文化中基于阴阳五行灏转流变的宇宙论也体现于日常汉语中。当我们说"橘子是热性的""柿子与螃蟹是寒性的"时,此处的"热性""寒性"不能译为英语中的hot、cold。中医学理论中所谓"肝属木,心属火,脾属土,肺属金,肾属水",此处的金、木、水、火、土也绝非科学所说的物质元素,而是"气"(chi)。

除儒、道之外,释也在中国思想和汉语中占据了一席之地。源于古印度的佛学思想在两汉之际传入中国,经过知识分子的不断努力,终于"说起了汉语",汉语中出现了"觉悟""思维""真理""境界""心心相印""缘分""意识"等反映佛家观念的新语词。这些语词在百姓长期日用中潜移默化地渗入中国文化,成为同样为中国所独有、无法用欧洲语言翻译的词语。例如,"缘分"这一词语中包含着两个对立的范畴,既有不期邂逅的"偶然性"(contingency),也有百年修得的"必然性"(necessity),这样的观念在英语思维中是绝难设想的。再如,欧洲人同样难以理解"觉悟"二字,觉悟既非"灵感"(inspiration),也非"理解、认知"(understanding)。第一,悟的活动不是认知活动。认知活动区分"能知"(认识能力)和"所知"(所获知识),是一种由能知主体发挥理解力从而认识对象,获得知识的思维过程。而悟的活动则不区分"能悟"和"所悟",觉悟不是对某个既有对象的认知,而是"无所得"。

第二，觉悟"如桶底子脱"，若把生活中积累的苦恼和问题喻为"桶中之水"的话，那么认知活动的应对方式是"渐渐倒出桶中之水"，亦即用具体知识解决具体问题。但这种应对方式未及根本，而是使人生成为"不断以新问题取代旧问题"的过程；相反，悟之活动则是"让桶底子脱去，使水顿时流净"，亦即不对问题提出积极的解决方案，而是通过禅宗祖师的参话或棒喝，使人顿悟原先的问题本不是问题。第三，悟是"心灵与虚无的默契"（Wu is having a tacit agreement with nothingness）。以《六祖坛经》[①]中神秀与惠能的两首偈句[②]为例：神秀所题偈句为"身是菩提树，心如明镜台，时时勤拂拭，勿使惹尘埃"，意指"尘"亦即烦恼自外界而来，玷污原本洁净的法身（心体），故修行者需力图使己心与尘世烦恼两相隔绝，其师弘忍法师评曰："汝作此偈，未见本性，只在门外，未入门内。"惠能则口占一偈："菩提本无树，明镜亦非台，本来无一物，何处惹尘埃"，意指八万四千尘劳本就自心中生出，故无法"拂拭"，唯有通过修行，改换心的用法，让"心"与"尘"同归于无。再如，惠能与惠明[③]的对话，同样体现了"悟"的活动。得到弘忍衣钵的惠能于南行途中被不赞同惠能承袭衣钵的惠明追上，惠明质疑惠能未

[①]《六祖坛经》：由法海记录的禅宗第六祖惠能平生说法的言论。
[②] 偈句：以诗歌的形式表达对佛法的领会。
[③] 惠明：江西鄱阳人，曾受四品将军之爵，后于永昌寺出家。初无证悟，后蒙惠能开示，彻悟本源，改名道明，拜惠能座下六年。后居蒙山，聚徒习禅。

被正式收徒甚至未正式出家，无资格承袭衣钵，惠能言道："不思善，不思恶，正于么时，哪个是明上座本来面目。"前面"不思善，不思恶"是"夺境"，消解了惠明争执其中、纠结不已的情境，向善恶分明的惠明点明，衣钵传承之事与善恶无关，与是否出家无关，而在于谁能担当传扬佛法之大任；后面"哪个是明上座本来面目"则是"夺人"。倘若四品将军是惠明的本来面目，则何以后为明上座，反之，倘若明上座是本来面目，则何以先为四品将军，可见二者均非惠明的本来面目，由此，惠能"夺"了惠明的"小我"；至此，夺境夺人，境、人俱夺，只余虚无，惠明终于与"无"产生了默契，此即"觉悟"。这种默契无以言说，却是心灵最高的受用，最终只能归结为一声喟叹——"如人饮水，冷暖自知"。

至此，我们在惠能的话语中再次返回了本次讲座的核心主题"认识你自己"——认识你的本心和本来面目。我们常常执着于自己的种种社会身份亦即自己的"小我"，并不断将之与他人的"小我"对比，若不及他人则每生嫉妒心，若胜过他人则又会生傲慢之心。然而，"小我"之身份并非我们的本来面目。

假定本讲座结束之时，各位对我报以热烈的掌声，而我面对掌声正自得意，一禅宗祖师推门而入，问道"谁在授课"，若我答"我王德峰在讲课"，这就大错，须知他这是让我参话头。试想，讲课所使用的汉语、所提及的思想、听众对我的授课内容产生兴趣的客观原因等，无一是我所创造、无一来自我；倘若我回答"佛性在讲课"，这就对了，讲课的不是我这一单独的个体，而是弥漫充塞于整个教室的佛性。同理，与其说"我在说汉语"，毋宁说"汉语在说我，汉语将我说成了中国人"。

"放下小我"，此即我在此想要倡导的人生态度，此即"认识你自己"的真谛所在。

自我同一性之谜

复旦大学哲学学院副教授、硕士生导师、宗教学系副主任 ◆ 郁喆隽

> 今天要讲的主题是"自我同一性之谜",在切入这个主题之前,先跟大家聊聊"哲学"。

一 何谓"哲学"

想必大家曾经通过听讲座、与老师交流等方式,对"哲学"有了一个初步的了解,但是当拿起哲学书时往往会发现,书中每个字都认识,一串成一个句子,就读不懂了。相信大家都有这种感觉。当然主要的一个原因是翻译的问题,从二十世纪八十年代以来,对西方哲学的翻译形成了一种特殊的文体。译者若没有真正理解作者原意,就只能生硬地把原句式结构照搬过来,造成我们理解困难。除此之外,更重要的原因是,其内容本身就是晦涩难懂的,读者不能把责任完全归于译者,即使你能够像应用母语一样,熟练地应用英语、日语、法语、德语、意大利语等,当你读一本德语的《存在与时间》或《精神现象学》时,可能依然读

不懂。这不仅仅是语言的问题，个人的知识背景也会影响你的理解程度。

　　为什么要说到这个话题呢？因为"哲学是不能学的"，这是德国哲学家康德的话。为什么哲学是不能学的？如果哲学是不能学的，那哲学专业的存在有什么意义呢？康德这句话的德语原文是"Philosophie kann man nicht lernen, man kann nur lernen zu philosophieren"。德语Philosophie和英语Philosophy一样，是由古希腊语的"philia"（爱）和"sophia"（智慧）两个词根组成的，其本意就是"爱智慧"。而中文"哲学"一词来自近代日文的翻译。中国现代汉语中很多双声词，即表示一个抽象概念或者表示一个学科名称的词，大部分来自日文的翻译。虽然，中国文化比日本文化更加悠久、丰富、源远流长，但不得不承认的是，在近现代，很多源自西方的概念，是日本人首先用中国的汉字翻译出来的。中国近代的思想家直接借用了日本人的翻译，"哲学"便是其中一个很重要的概念。另外，如"宗教""政治""经济""军事""国家"等词，也是同样的来源。

　　现代汉语可以用"哲学"来翻译名词，但是德语中存在一个动词philosophieren，英语中也有类似的一个动词philosophize，中文中没有直接对应的动词可以翻译。因此，只能将就着翻译康德的话为"人不能学习哲学，而只能学习哲思"。这意味着哲学不是一种僵死、固定的信息和知识。

　　做哲学的人往往有两种倾向：第一种倾向，认为太阳底下没有新鲜事儿，有很多问题早在两千多年前就已经被很多哲学家讨论过了，后世的人不过是用不同的方式重新解释，或者按照现代社会做处境化的解释。第二种倾向，认为随着现代科学技术的飞速发展，也许将来有一天，我们可以通过非常便利、低成本的方式获得各种哲学知识，甚至我们可以在便利店买到各种哲学知识的储存卡，但这并不意味着我们可以进行哲思。文科并不是死记硬背，哲学更非如此，关键要有哲思。

有很多人说，哲学是一个"二阶"的学科，怎么理解一阶学科和二阶学科呢？拿我手中这瓶矿泉水举例：一阶学科可能会直接问"这是什么""其物理形状、化学本质是什么"，但是材质、形状都可能会改变；而二阶学科则需要向下深挖一些，不再问"这是什么"，而是要问"什么是瓶子？为什么要做瓶子？瓶子的用处是什么"。有人觉得哲学是杞人忧天，但是一旦开始发问，就会发现很多问题的存在，会发现很多知识的基础并不牢固，这就是哲思的重要性。

西方大学建立之初，一般只有两个大的学院或学科：神学和哲学，神学主要研究关于信仰、超越、上帝等方面的内容，除此之外的所有知识都被归于哲学。随着历史的发展，哲学这个学科逐渐分化为一些具体的自然学科，如医学、生物学、物理学等，哲学看似在逐渐失去其地盘，但实际上是放下了很多自己无法负担的包袱。比如关于宇宙起源的问题，现代哲学是不谈的，而是交给天文学家、物理学家去研究。但是他们在思考这些问题时所借用的基本概念、范畴、框架，都包含着很深的哲学思考。换句话说，若哲学上没有对这些概念、范畴、框架进行反思或突破的话，自然科学也无法顺利地发展与演进。因此，哲思不会因为学科的分化而被淘汰，它依然发挥着很重要的作用。

进行哲思是种怎样的体验？对于同一个哲学问题的思考，每个人的体验都是不一样的；思考不同的哲学问题，其体验也是不同的。当你欣赏杜尚的《泉》的时候，思考的是美学问题；当你思考一个盲人复明后如何辨别颜色时，思考的是认识论问题。

有人说哲学是心灵鸡汤，也有人说哲学包治百病。并不是的，真正的哲思能够使你感受到一种无可奈何的淡淡忧伤，当你想明白之后又会有一种内在的喜悦。当你读到一本书，里面的内容跟你的观点非常一致，你无处不在他的身上印证自己的观点，那你就要警惕了，这本书要么对你来说毫无营养，要么就是在麻痹你。真正能够给你带来哲思的知识，必然会伴随着一种不舒适感、一种忧伤感。同时对于各种哲学名人的金句，我们不能断章取义，应该放在文本环境中来理解。还有些问题，没办法在很短的篇幅和时间中解决，必须要有长时间的关注和思考。哲学只能解决一些前提性的、底层架构性的问题，或者一些宏观问题中某个微小的类系，并不能包治百病。

 二 脑袋的问题

现代人价值多元、观点多样，因此提倡宽容。毋庸置疑，人跟人之间的相处自然要宽容一些更好，但是在面对哲学问题、科学问题时，宽容并不是个很好的要求。既然要追求真理，就要相信有唯一真理。如果不接受这一点，而是相信有些说法比这种更好、更有效、更接近真相，就会产生价值混乱，争来争去，最后就会变成"我所接受的就是对的"。

有一部美国纪录片叫作《美国民科：寻找真理之路》，里面讲到有些人相信地球是平的。大家听了肯定会觉得很好笑，但是光嘲笑他们是没有用的，我们要向他们证明地球不是平的，而是球形的，你们能想到什么论证方法呢？有同学说可以环球航行，也有同学说可以登高望远，其实最简单的方法，就是看一艘船：它从港口驶向大海，我们会发现最先消失在海平面上的是船身，之后是桅杆；相反，当船由远及近驶向我们的时候，最先看到的是桅杆，之后是船身……

之所以提这个问题，是要提醒大家，不要反复证明自己比别人高明，也不要反复背诵别人告诉你的事实。人类99%的知识都不是亲知的，但是原则上所有经验性的"间接知识"，都是可以通过亲知的方式来加以证明的。

所以在哲学中，论证是非常重要的。而很多论证是通过思想实验（thought experiment）的方式来进行的。大家可能听到或接触过一些思想实验，如缸中之脑、电车难题、猴子和打字机等。近代科学的观察（experiment），大多是在实验室中进行的。近代科学之所以要进行实验，是为了验证假设。实验的关键之一在于控制边界条件。在哲学当中的思想实验，在某些情况下虽然控制了边界条件，但是在很大程度上是要挑战边界条件的，边界条件可能存在问题，需要加以质疑。这种思想实验可以称之为"开（定向）的脑洞"。

"忒修斯之船"

接下来,我们通过"忒修斯之船"的问题,进入今天的主题"自我同一性之谜"。"忒修斯之船"由普鲁塔克提出,讲述的是这样一个问题:

> 忒修斯之船从雅典出发,在地中海上航行,木板长时间遭受海水和海洋生物的腐蚀,因此每到一个港口,忒修斯都会将坏掉的木板替换成新的木板。假设经过足够长时间的航行,忒修斯之船上的每一块木板都被替换过,那么这艘船还是原来的忒修斯之船吗?

这就是哲学上经典的"同一性问题"(problem of identity)。同一性即一个事物是它自己,用符号来表达就是A=A。接下来,认为木板全被替换掉的船还是原来忒修斯之船的同学,请举手(多数举手);认为不是的同学请举手(少数举手)。好,谢谢大家,下面先请认为木板全被替换掉的船还是原来的忒修斯之船的同学,来论证一下。

> 同学A:我认为,忒修斯之船,并不单单是一块块木板,而是所有木板组成的一个整体。因为忒修斯之船是一个整体的概念,尽管其组成部分都进行了更新,但这个整体的概念并没有被更换掉,所以它还是原来的忒修斯之船。

说得很好。这里面包含着一个论证,任何论证都是有前提和假设的，在你的论证中，前提和假设是整体优先于部分。但是我想问你：一艘船的整体是依附于什么东西之上的？

  同学A：它依附的是各个部分，但是我们谈论这艘船的时候，说的是它的整体。

好，那请问还有没有其他论证？

  同学B：它的整体依附于整个框架、结构之上。

好，那么我马上可以提出另外一个反驳：假设有一个古董商，一路尾随忒修斯，忒修斯每到一个港口，在修船厂中替换一块木板，这个商人就会买回这块旧木板，直到最后，他把原来忒修斯之船上的每一块旧木板都收集起来，拼出一艘船，那么现在就有了两艘忒修斯之船，这两艘船是一样的吗？

  同学C：以人身为例，我们每个人都会有新陈代谢，时间足够久以后，我身上所有的细胞都被代谢了一遍，同时，假设我身体中所有代谢出的细胞，被人拿去拼成了另一个"我"。但是很明显，原来的我还是我，用代谢出去的细胞拼成的"我"肯定不是真正的我。因为同一性强调的是整体的联系，像刚才的忒修斯之船的问题，所有的木板相互联系才会成为一个忒修斯之船，当联系中的一个部分被替换掉，那替换物就代替了被替换物所承担的关系，所以当旧木板被替换掉的时候，新木板也承担了旧木板之前的工作。

很好，你这个观点把我后面要讲的问题预先提出来了。这个观点可以用来直接反驳"木板全被替换掉的船不再是原来的忒修斯之船"，如果忒修斯之船不再是原来那条，那么将会面临一个人体困境，因为人处在一个持续不断的新陈代谢过程之中，根据生物学知识，人体内的分子、原子，大概每八年就会全部被替换掉，这就类似于忒修斯之船上所有的木板被替换掉。如果我们相信忒修斯之船不再是原来那条，同理，你就不再是八年前的你，那么你八年前在银行存的钱，还能继续属于现在的你吗？认为木板全被替换掉的船不再是原来的忒修斯之船的同学，你们要怎么面对这个问题？

同学D：我认为，忒修斯之船只要有一点点变化，就不再是原来的船了。在古董商看来，新的船是没有价值的，年代久远、经历丰富的船才更有价值。决定忒修斯之船的不仅仅是它原初的样子，它的经历也是它的重要部分。对于人来说，婴儿时期的你和现在的你，无论在认知上还是外形上，以及其他各种意义上，都是不同的。

这是一个很好的论证，人是有经验的，船同样也有它航行的过程。无论是人，还是船，代表他（它）的不仅仅是物质性的构成，还有一些别的东西附加在物质之上。还有其他同学发言吗？

同学E：没有人能够两次踏进同一条河流，新的这艘船只是当下这艘，原来那艘船，在时间上已经不存在了。所有的过去和将来，所有的以前和以后，在时间概念上都是不存在的，也就是说，我们没有必要去拿一个现在的东西，与一个现在不存在的东西去做比较，这是一件毫无意义的事情。

这是很有意思的观点，这里面涉及"时间是什么"的问题，这在哲学上是一个挥之不去的恼人问题。我们好像没办法脱离时间来谈任何事件或物性的东西，我们只能用机械的钟表对时间进行测量。这个观点很有意思，但依然是有问题的。我们认为同一性是整个人类社会的基石，如果没有同一性的话，就会出现问题，比如，你参加了高考，成绩很好，到录取的那天，对方告诉你，考高分的那个你已经不是现在的你了，如果你无法论证现在的你还是原来的你，那么所有大学都不应该录取你。所以说同一性是基础，我们必须要承认历史上的你，跟当下的你是有同一关系的，并且这种同一关系会延续到未来。当然，不仅仅有人的同一，还有物的同一，以及一些抽象概念，如"国家"的同一。

同学F：我们是否可以说，人本身并没有同一或不同一的说法，只是相对于其他人来说，他是同一的。

我理解你要表达的意思，正如船上的船员，会说自己一直在这艘船上，如果这艘船不是原来的船了，那我现在在哪里？但是古董商会说，我现在所拼出来的这艘船，它的每块木板都来自忒修斯之船，它的价值可能比你现在坐的这艘船的价值更高。他们会根据自己的目的，提出对自己有利的说法。

通过以上讨论可以发现，同一性的判断标准是不一样的，这涉及整体和部分的关系、意义、流变等问题，下面我准备了一些

类似"忒修斯之船"问题的变形问题:

变形问题一:霍布斯–洛克的袜子

有只袜子打满了补丁,没有了一丁点原来的材料,它还是原来的袜子吗?

变形问题二:面目全非的球队

一支球队,如巴塞罗那队,当它的球员、教练在几十年后全被替换后,它还能被称为巴塞罗那队吗?

如果你的回答是肯定的,那么究竟是什么使得它仍然能延续下去?其判断标准是什么?人的同一性标准和物的同一性标准是否一样?

变形问题三:新陈代谢的人体

十六七岁的你与两岁的时候相比,无论是身高、外形,还是学识,都有很大差异,是什么保证了你的同一性?刚才有很多同学提出来了,人的经历、记忆是延续的,那么这些是否可以成为同一性的标准呢?

以上都是哲学中的根本的同一性问题。通过以上内容,我们发现,如果不去考虑同一性问题,好像也没什么大问题;但是如果你仔细去思考,就会发现如果这个问题得不到完满的解决,即无法给出一个恰当的同一性的标准,那么在法学、人与人的关系、财产的认定等方面,就会出现极大的危机,我们整个社会就会陷入混乱,同时我们的认知也会出现问题。如此重要的同一性问题,就是今天的主题。接下来我们从物的同一性、自我的同一性两个角度,来探讨同一性问题。

四 物的同一性

"忒修斯之船"最直接的就是在讲物的同一性。对于物的同一性的理解,在西方哲学史上有几位非常有代表性的哲学家。

第一位是英国哲学家约翰·洛克。他在其《人类理解论》一书中所界定的"同一"概念为:

> 我们如果把一种事物在某个时间和地点存在的情形,同其在另一种时间和地点时的情形加以比较,则我们便形成同一性(identity)和差异性(diversity)的观念。我们如果看到任何事物在某地某时存在,则我们一定会相信(不论它是什么),它就是它,不是别的——虽然别的东西同时在别的地方存在,而且在其他各方面都和它相似。

这段话中对"同一"和"相似"进行了区分,不过显然洛克在《人类理解论》当中并没有给出一个明晰的判断标准,但是他意识到了这个问题的严重性。

第二位是莱布尼茨。莱布尼茨对物体的同一性,给出了非常明确的判断标准,即"不可区分物的同一性原理"(principle of indiscernibility of identicals),逻辑符号表示为 $(x)(y)F(Fx \leftrightarrow Fy) \rightarrow x=y$,其意思为:对于任意对象 x 和 y,如果 x 的每一个属性 F 都是 y 的属性,且 y 的每一个属性 F 都是 x 的属性,那么 x

同一于y。按照莱布尼茨的标准，忒修斯之船虽然全部换了新木板，但还是原来的船，因为新木板的属性与旧木板的属性是一致的。

但是，莱布尼茨的法则仍然存在问题。首先，莱布尼茨的法则，更适用于物，而不适用于人的同一。对于人来说，两岁的你和十八岁的你，属性肯定是不完全一样的，身高、体重等各种生理指标都发生了变化。如果按照莱布尼茨的不可区分物的同一性原理，那么两岁的你和十八岁的你是不同一的。这很明显是有问题的。因此，对于个人的同一，要提出另外一个标准，即持续性。当我们在谈同一性的时候，要处理两类不同的问题：持续性（persistence）和可替代性（fungibility）。两岁的你和十八岁的你，虽然属性不完全相同，但是这之间有着前后相继的关系，这就是持续性问题。而莱布尼茨更多关注的是可替代性。

其次，莱布尼茨的可替代性也存在一个问题，因为判断两个物体之间是否可以互相替代，也取决于观察手段和所有要求的精确度。比如两瓶未开封的矿泉水，你拿在手中感觉两瓶矿泉水重量一样，按照莱布尼茨的理论，这两者是同一的；但是当你拿出一个高度精密的电子秤，称出两瓶矿泉水的重量有0.01克的差异时，按照莱布尼茨的理论，这两者就不是同一的了。

总之，莱布尼茨所提出的这个判断标准，是一种数学家式的简单明了的操作性方法，在判断物的同一性上，确实是有效的。虽然也存在一些问题，但至今为止，哲学史上没有人能提出一个更好的判断标准。

第三位是弗雷格。弗雷格是现代哲学史上一位很重要的哲学家，被认为是语言哲学的开创者。弗雷格在《意义与指称》中对同一性问题进行了追问：

> "同一"（sameness）观念令人深思。它提出了一些颇不易解答的问题。同一是一种关系吗？是对象之间的关系呢，还是对象的名称或指号之间的关系？

这段话可以简单表述为：忒修斯之船（内涵）VS"忒修斯之船"（外延），同一性究竟在讲内涵的同一，还是在讲外延的同一？莱布尼茨的判断标准是属性，即外延。

弗雷格还在其书中用晨星与暮星举例：古代人认为晨星与暮星是两颗不同的星，但是现代的天文学知识告诉我们，这两颗星是同一颗星，即金星。古代人没有现代天文知识，他们用两个不同的名称，指称了同一个对象，且从不认为这两颗星是同一的；现代人获得了天文学知识后，我们认为二者是同一的。那我们所讲的同一，究竟是外延的同一，还是内涵的同一？正如忒修斯之船是一个对象（世界），而"忒修斯之船"是一个指称（语言/思想），那么对象和指称之间的关系是什么？这是同一性和语言间的关系，涉及语言哲学的问题，这里就暂不展开讲了。

除了以上三位哲学家提出的问题外，还有一个很有意思的问题，就是在判断物的同一性上，构成和同一的关系。举例来说，心灵手巧的你，将一块黏土C捏成一个超人样子的塑像S，被捏成超人的这块黏土，直觉看来还是黏土，没有发生变化；但是你内心之中会认为，捏成超人形状的黏土和原始状态的黏土，已经不一样了，因为黏土在原则上可以被塑造成任何形状。这就是构成论（the constitution view）问题，即原料构成并不是同一性的保证。其论证为：

（1）常识所承诺的物体是存在的；
（2）这些物体拥有不同的时间属性、从物模态属性和持存条件；
（3）构成并非同一。

如果用亚里士多德的"四因说"来说，黏土是质料，将其捏成超人，就是赋予了它形式。被赋予超人形式的黏土，与原来单纯质料的黏土是不一样的。那么，两个物体可能在同一时间占据同一空间吗？

五 自我的同一性

正如之前所讲到的，如果按照莱布尼茨的"不可区分物的同一性原理"进行推论，那么两岁的你和十八岁的你不是同一人，这将会导致很严重的后果。因此我们需要有另外的标准，来判断自我的同一性。

第一个判断是自我=人格（personality）。自我所拥有的由物质所构成的生理性的身体是不断变化的，但是自我之中有些东西是不变的，人类学家、社会学家、哲学家称之为"人格"（personality），其词根为persona，原意为面具。人格可以从很多意义上来讲，包括心理学、哲学等，但是心理学上所讲的人格，跟哲学上所讲的人格是不一样的，绝大部分人所理解的是心理学意义上的"人格",是跟人的言行举止、处事方式相关的。从心理学角度看,人类社会中会有大量的人格分裂的状况。有很多电影在讲人格分裂,如《搏击俱乐部》《致命ID》等。

正常情况下,人格同一意味着,在没有受到胁迫、神志清醒的情况下所做的一切事情,你都要为之负责。但是在人格分裂的情况下,遵纪守法的人格是否要为另一个人格的违法乱纪行为负责呢?如果没有人格同一性,会出现很多问题,所以现在更多地是将人格分裂视为一种病理状态。哲学上的同一性,是跟心理学上的同一性不一样的。

在哲学史上,讲同一性问题,比较著名的是英国哲学家休谟。休谟在他的《人性论》第四章第六节,有这样一段话:

> 自我或人格并不是任何一个印象,而是我们假设若干印象或观念与之有联系的一种东西。如果有任何印象产生了自我观念,那么那个印象在我们一生全部过程中必然继续同一不变;因为自我被假设为是以那种方式存在的。但是并没有任何恒定不变的印象。

从最后一句话可以看出,休谟从根本上不接受存在人格同一性。这是一个经验哲学家从他的哲学立场推导出来的。比如当我们喝一口水,我们有嗅觉、味觉、触觉、视觉等感觉,但是究竟如何感觉到"我"?康德认为,"我思"伴随一切其他的"思",人可以直观到"我";休谟认为,人的各种感觉和印象,好像一根根稻草,"我"只不过是一个虚构的东西,像一根橡皮筋一样,把它们绑在一起,但是我们对这根橡皮筋并没有直觉的印象。不知道大家是支持康德还是休谟，你是如何感知到"我"的呢？

因此休谟说："同一性，其实不过是物体各个部分之间的关系所产生某种虚构或想象的联结准则而已。"真的是虚构吗？这个问题依然是开放的。如果人的同一性是虚构的，我们为什么要把它虚构出来？因为如果没有这个虚构出来的同一性，这个世界就是一片混沌，我们在社会生活当中，会遭遇很多问题。

中西方哲学史两千多年，都在努力地给出一个判断，即究竟什么是"我"。关于这个问题，有几种典型的看法。

第一种看法：我=身体。这种看法通常被称为"动物理论"。但是这个看法又面临着一个问题：身体改变或器官移植会不会影响我的人格？人的身体的各个部位都可能会因为受到损伤而被替代，此时我的人格并不会改变，比如我换了一颗牙，并不会影响我的人格。但是有一个部位一旦被替换，就可能会影响人格，那就是大脑。现代生理学、解剖学告诉我们，人最集中的精神活动，就在大脑。现在的大脑移植手术在技术上还不成熟，且未来依然会面临很大的伦理问题。之所以是个伦理问题，是因为它会改变人格。因此很多人并不接受"我=身体"这种观点。

第二种看法：我=大脑。近代自然科学认为大脑是一个功能性区域，大脑本身也有很多分区，其生理机制非常复杂。大脑和电脑不一样，电脑有一个CPU，能够发出指令让其他部件去执行，而大脑中并没有类似CPU的东西；同时，大脑的功能并不像电脑一样被锁定在某个元器件之上——电脑中的各个分区，一旦有一个分区坏掉，就不会再生，但是人的大脑，如果有一部分坏掉或者被切掉，仍然可能由其他部分替代其功能。大脑的生理机制是否等于人格？大脑的突触与突触之间的放电关系，是否等于可被还原、可被复制的一系列的生理现象？

莱布尼茨曾经思考过这个问题，他把人类比作一个磨坊，假设我们像孙悟空一样，变成一只小虫子钻到牛魔王的肚子里，我们会看到，人的身体及大脑的运行，无非就像磨坊当中的机械部件，但是我们并不能看到思想以及喜怒哀乐等情绪。所以关键的问题是，第一人称的情绪表达、思想表达，能否被还原成低层次的生理或物理的现象？现代哲学中有一个概念叫Qualia，即感受性或心理感受。感受性是一种独一无二的特殊的东西，比如有一天你突然回想起小时候非常喜欢的一首歌，然后就情不自禁地热泪盈眶。这样一种第一人称的非常主观、私密的感受，是否等于生理现象？"我"是否等同于"大脑"？我们应该如何理解大脑？如果大脑仅仅是一个物质性的载体、思维情感器官，那么它的一系列生理性反应是否等于我的人格、我的喜恶？

于是基于对"我=大脑"这个观点的质疑，产生了第三种看法：我=流。这种看法也被称为流理论。但是这个看法也面临着一个问题，即心理连续是否等于同一？当一个人从婴儿逐渐长大、变老，直到八十岁时，变得年老痴呆，把过去的事情全部忘记了，心理连续中断了，此时，人格的同一性由什么来保证？根据流理论的解释，虽然八十岁的老年痴呆患者想不起来小时候和青壮年时期所做的事情，但是他可以想起一天之前的状况，一天之前的他，又可以回想起更前一天的状况，以此类推，其从小到大的心理仍然是连续的。这中间，会有一些重叠和交错，这和忒修斯之船的情况非常相似。忒修斯之船航行结束后，虽然船上的所有木板都不再是最初的木板，但这些木板不是一次性换完的，而是逐次更换的，在这个过程中，总有一些木板，在使用时间上是交错或重叠的。这就是流理论，它强调连续性。

　　对于人类来说，我们现在更看重连续性。因为，在现实生活中，如果一个人突然患上老年痴呆，或者因车祸失忆了，你无法因此否认他还是他自己。在我们的社会生活当中，有多套标准在同时发挥着作用，既有心理的标准，又有法律意义上的标准，法律上只认身体，而不是以你心里的记忆为标准。同样还有一些外在的由他人来进行判定的标准，显然这是为了解决一系列的因同一理论造成的内在缺点而设定的标准。在社会当中往往是连续性优先于同一性。

　　以上三种观点，各有各的优点，每一种观点也都有它非常明显的缺点和不足，进而可能导致一个荒谬的结论。

　　通过对自我同一性的讨论，引申出一个非常科幻的问题：我可以被上传吗？假设未来的技术发展到一定程度，我们人类整个大脑的生理活动，以及人类所有的记忆，都可以用一个硬盘拷贝下来，人类的意识可以完全被比特化、数码化，那未来的人就过上了这种赛博格（cyborg）的生活。在英剧《黑镜》中就有这样的一个情景：一个人得了绝症，他的身体必然要死亡，但是可以把意识复制下来，传到云端，真正实现永垂不朽。身体会死，意识（或灵魂）不死，这是个二元论的观点。关键问题是，假如我们可以把人的意识、记忆全部数码化，传到云端，那么云端之中的意识还是"我"吗？如果我现在向你推销这项技术，它可以在你八十岁的时候，把你的大脑中所有的意识都复制下来，备份到云端，你能接受吗？

> 同学G：我不能接受。当你的思想上传到云端之后，你在云端中是无法思考的，所以这种情况下，你与之前的你是不连续的。

是的，这里面有个很大的连续性的问题，甚至会产生一个悖论。这个悖论是由英国哲学家德里克·帕菲特提出来的，他在《理与人》（1984）一书中提到：假设在未来有一种远程传送机，使我们不再需要坐火箭或者飞船才能到达外星，只要在地球上放一个扫描仪，把你全身从上到下扫描一遍，然后把扫描的数据传送到火星上的一个3D打印机上，将你打印出来。与此同时，地球上的扫描仪把地球上的你粉碎掉。这样，地球上的你消失了，火星上的你就被建立起来了。那么在火星上被3D打印出来的那个人，还是原来的你吗？

莱布尼茨和休谟会给出肯定的答复，但是康德绝对不能接受这个说法，因为在康德看来，"我"是独一无二的，只有第一人称"我"能够感受到"我"，地球上的"我"被毁掉之后，复制出的那个并不是"我"。所以德里克·帕菲特又把这个问题修改为：假设有一种技术可以把人一分为二，分别复制我的左边与右边，然后把它们并在一起，这个世上就有了两个"我"。同一性所表示的"A=A"，本身要求它是唯一的，然而在这个问题中产生了一个反直觉的状况，即同一性的"唯一性"被打破了。

即使未来的技术真的做到了,能复制出另一个你,那么当你的家人看到两个你,他们是否会很崩溃?就此而言,人的同一性问题,会在社会上遭到很大的挑战。但是人的同一性最根本的问题在于,所谓的"我"的感觉在哪里?"我"是否等于Qualia?人对"我"有没有一种直接的感觉?是否如休谟所说,"我"仅仅是一种感觉,而无法被直觉到?

六 总结

现在我们来总结一下"同一"的标准。

第一种是物理的路径,是一种纯粹外在的视角,即莱布尼茨所说的物的标准。当这个标准应用于人的时候,只涉及生理指标,即物理性的身体。

第二种是身体的路径,以器官,尤其是大脑作为标准。

第三种是心理的路径,以记忆为标准,区分人和人格。这是一种自我内在的角度。心理的路径采取的是一种自我内在反省的角度,比如我站在讲台上,面对着一百多位来自全国各个高中的学生,内心有一种非常微妙的感受,我既有些紧张与不安,又有一些小小的激动,但我不知道用什么语言能确切地表达出来,因为凡是经过语言传递出去的内容,都经过了语言的过滤与加工。讲台下的你们,无法体会我现在的感受,因为这是一种第一人称的感受,是一种私密性的感受,不可被还原为公共的、外在的物理东西。

第四种是社会的路径,叫作主体间性。前三个标准都是从

"我"出发，但是主体间性要求必须从"我们"或者"你—我—他"三者关系出发。受笛卡儿哲学的影响，近代哲学首先确认"我"是唯一不可怀疑的对象，是认知的出发点，是绝对的认知原则。但这样会引起很多问题，比如一个老年痴呆患者，没有了记忆，如何确定"我"？因此社会学绝对不能采取唯一的自我认知主体，而是强调群体认知，因为"我"只有在"我们"当中才能被确定下来。正如一个老年痴呆患者，虽然他忘记了所有的事情，但是他身边的其他人，如他的子女、他的朋友、他的律师、他的监护人等，都可以确认他还是他自己。从主体间性的角度来说，"我"只有在"我们"当中才会成长起来，人格同一的标准并不仅仅在于"我"，而更多地在于"我们"。

通过以上四个标准可以发现，对于自我同一性的思考，并没有一个百分百正确的答案。几千年来，人类仍然被这些基本问题所困扰，从来没有一劳永逸的答案，但是对这些问题的梳理和研究，是有着奠基作用的。哲学在大多数情况下并不是在为自然科学添砖加瓦，而是在默默无闻地做着或许几千年都不会被发现的最基础的事情。正如一座房子必须建立在一个牢固的地基之上，很多社会制度、法律都是建立在对同一性的理解之上，一旦同一性的基础被抽掉，人类文明的大厦就会倾倒。因此希望在座各位都能够拥有小孩子一般清澈的眼神，永远对世界保持好奇之心，不断地去思考这些问题。

进入大学之后的一段时间，是你人生当中最博学而无知的一段时间，你上知天文下知地理，还能对国家政治、人类历史侃侃而谈，但是你所学到的知识中，有一些知识的基础可能并不十分可靠。希望每个人都能够对自己学过的所有知识进行一次反思和清理。笛卡儿将这些知识比喻为麻袋中的土豆，当你检查的时候就会发现，麻袋中的土豆有些是好的，有些是烂的，甚至有些不是土豆而是石头。如果不把那些腐烂的、陈旧的东西清理掉，将很难真正对哲学进行关切。正如苏格拉底所说，"未经反思的生活是不值得过的"（A life which is unexamined is not worth living）。

虽然在现代大学的学术分科中，哲学只不过是诸多院系中的一个，但是德国浪漫主义诗人诺瓦利斯说："哲学是全部科学之母，哲学活动的本质就是精神还乡，凡是怀着乡愁的冲动到处寻找精神家园的活动皆可称之为哲学。"虽然阅读此书的人，真正进入哲学学院进行专业学习的人只有少数，但是无论你学习什么专业，你在一生中总会有一种思考哲学问题的冲动，因为人天生是哲学的动物。

从"我思"到"自我"

复旦大学哲学学院讲师、当代国外马克思主义研究中心专职研究人员 ◆ 王春明

> "我思故我在"这个命题的出现是近代西方哲学起源的一个标志——这一命题将近代哲学区别于关切自然的古希腊哲学和关切神学的中世纪哲学。笛卡儿作为这一命题的提出者,并没有明确地使用过这一表达。事实上,"我思故我在"是他多个不同命题的凝缩。在"我思"这个概念的背后,隐藏着关于"自我"的问题意识的发展脉络。

当代著名康德研究者、法国哲学家隆格奈斯在《关联自身的诸种方式》中概述了"自我"问题的历史,她发现这一问题在法国、英国和德国的理论历程中有不同的发展路径。首先,在笛卡儿的法文写作中,他将拉丁文中作为日常用语的人称代词"我"(ego ille, qui…)专门标记出来。此后,康德又将之进一步转变成名词化的表述"das ich"(我)。这一转变十分重要,因为正是这种在语言上对同一个词的不同使用,造就了截然不同的理论效应。在笛卡儿讨论"我"的时候,已经存在了作为代词与作

为名词的"我"的细微差异,正是在这两种表述的差异中,"自我"作为一个哲学问题开始出现。反过来说,正因为笛卡儿对于"自我"有了明确的研究意识,他才会以一种改变日常用语的方式来呼应他所追问的哲学问题。在这个意义上,之所以说笛卡儿开启了近代哲学,一方面是因为他提出了一个新的问题——"自我"问题,另一方面是因为他开启了对于语言的一种新的使用方式——"我"的名词化。这里并不是语言对于现实的单纯反映,而是哲学意识的觉醒。值得注意的是,在语言上第一个把"我"做名词化处理,从而使得它可以作为研究对象的人并不是笛卡儿,而是帕斯卡。与此同时,在英国经验论传统中,洛克也开始对人的内在自我进行发问。与笛卡儿不同的是,洛克的问题意识是"自身的同一性",他将"self"(自身)提取出来,使之名词化,从而进行追问。作为笛卡儿和洛克思想的阅读者,康德将"我"与"自身"这两种不同的问题意识融汇到一起,大大推进了"我思"哲学的发展,从而真正开启了"自我"问题的研究史。康德对于自我的追问完全不同于笛卡儿。当笛卡儿追问"我"的时候,他是在追问"认识何以确定","我(在)思故我在"实际上是他对于这个问题的回应;而康德想要比笛卡儿更进一步追问:"认识何以可能?"这个问题是先验哲学的基点,在解决这个问题的过程中,康德提出了"我思必须能够伴随我的一切表象"。与笛卡儿相比,康德更侧重于"我思"的综合作用,强调"自我"的形式在场(而非物理在场),需要存在一个"我"对我的心理活动进行统一,正如古希腊亚里士多德所说的承载谓词的主词。胡塞尔在很大程度上是将笛卡儿与康德的问题拧在一起，重新提出了一个现象学的问题："认识何以发生？"在这个问题中，胡塞尔提出了一个被萨特猛烈抨击的观点，"纯粹自我是（现象学还原）的剩余"，纯粹自我是一切经验自我的形式前提，没有自我就没有认识活动。

从这一"自我"问题的发展史来看，"我思"的哲学追问是丰富且复杂的，它杂糅了"我""自身"与"主体"这些关于自我的不同层次。

一　笛卡儿

在笛卡儿最为经典的两个文本中，他提供了自己对于"我思"问题的理解。

在《谈谈方法》的第四部分，笛卡儿如此写道：

> 任何一种看法，只要我能够想象到有一点可疑之处，就应该把它当作绝对虚假的抛掉，看看这样清洗之后我心里是不是还剩下一点东西完全无可怀疑。……可是我马上就注意到：既然我因此宁愿认为一切都是假的，那么，我那样想的时候，那个在想的我就必然应当是个东西。我发现，"我想，所以我是"这条真理是十分确实、十分可靠的，怀疑派的任何一条最狂妄的假定都不能使它发生动摇，所以我毫不犹豫地予以采纳，作为我所寻求的那种哲学的第一条原理。

在这一部分中，笛卡儿要处理的问题是：通过怀疑一切可疑的东西来寻求一个不可被怀疑的点，并以此作为重建知识大厦的基点。笛卡儿最后寻找到的第一原理就是"我想,所以我是"。如果我们仔细推敲笛卡儿的表述,会发现他在这里对于"我"进行了三个层次的思考。首先,笛卡儿说"我那样想的时候"是指当下时刻的我在对过去的"我想"进行反思活动,这一步骤存在着反思与非反思的区分。这一区分是萨特着重强调的,在他看来,之前的思想家混淆了反思和思想活动,没有注意到思想活动中有一个前反思或非反思的环节,在那个环节中,没有所谓的"我";如果仅仅从反思的环节去思考,那么必然会理所当然地认为一切思想活动都会有一个"我"。然后,笛卡儿接着说,"在想的我……是个东西"。他实际上是将"在想的我",即在进行怀疑的"我",当作一个较强含义的"我"提取出来了。笛卡儿认为,正是这个怀疑的思想活动把"我"确证为存在,因为一旦把"我想"怀疑掉,那么"我的怀疑"本身也就停止了。也就是说,笛卡儿在这里并不关注"我"以何种形式存在,而仅仅强调"在想的我"必然具有与非存在相区别的存在。因此,笛卡儿最后得出结论:"我想,所以我是。"这里的"想"是指一种简单且普遍的思想活动,这一活动比"我"更为重要,有了"想"才有"我"的存在。

在《第一哲学沉思集》中,笛卡儿进一步阐述了他对"我思"的理解:

> 如果我曾说服我自己相信什么东西,或者仅仅是我想到过什么东西,那么毫无疑问我是存在的。可是有一个我不知道是什么的非常强大、非常狡猾的骗子,他总是用尽一切伎

俩来骗我。因此，如果他骗我，那么毫无疑问我是存在的；而且他想怎么骗我就怎么骗我，只要我想到我是一个什么东西，他就总不会使我成为什么都不是。所以，在对上面这些很好地加以思考，同时对一切事物仔细地加以检查之后，最后必须做出这样的结论，而且必须把它当成确定无疑的，即有我，我存在这个命题，每次当我说出它来，或者在我心里想到它的时候，这个命题必然是真的。……我思维多长时间，就存在多长时间；因为假如我停止思维，也许很可能我就同时停止了存在。

首先，在这里，笛卡儿所提供的是一个较弱含义的"我"，仅仅是在一般的意义使用"我"，而没有把"我"处理成名词的形式。其次，当"我"思"我"的时候，这里出现了两种不同意义的"我"，前者是进行反思活动的"我"，后者是作为被反思对象的"我"。萨特认为这两者是两个东西，而不是同一的。许多哲学家正是认为它们是同一的，所以才认为自我永远存在。最后，笛卡儿强调我"思"与我"在"紧密相连："思"＝"在"；不"思"＝不"在"。这里会引发一个困难：当我说"我思故我在"的时候，我是在一个瞬间或时刻中言说的；因为我的思维是瞬间性的，所以由"思"所确定的"在"也是瞬间性的，那么我"在"便只能是一帧一帧的，是断裂的。为此，笛卡儿不得不引入上帝来保障我"思"的持续性，从而实现我"在"的连续性。

笛卡儿所说的"思"是对一切意识活动的统称。这种"思"

所面临的困难在于，它是持续性的还是瞬间性的，笛卡儿似乎更加倾向后者。所谓存在是对思之活动的确认，但问题是这种确认是当下确认还是回溯确认。笛卡儿没有清晰地处理这个问题。萨特认为笛卡儿的这种确认始终是一种回溯确认，而笛卡儿所说的"我"是对思之活动的第一人称化，在他的文本中同时存在着强义的我和弱义的我。

二 康德

> "我思"是一个经验性的命题，在自身中包含着"我实存"的命题。但是，我不能说"凡思维者皆实存"；因为这样的话，思维的属性就会使一切具有这种属性的存在者都成为必然的存在者了。因此，我的实存也不能像笛卡儿所主张的那样，被视为从"我思"的命题中推论出来的（因为这样一来，"凡思维者皆实存"这个大前提就必须走在前面），而是与该命题同一的。……当我把"我思"这个命题称为一个经验性命题的时候，我由此并不是想说，"我"在这个命题中是经验性的表象；毋宁说，它是纯理智的，因为它属于一般的思维。
>
> ——康德《纯粹理性批判》

康德认为笛卡儿的"我思故我在"是一个三段论的工作，"我思故我在"对于一个具体的人来讲是一个经验性的命题，却不能在这个基础上用三段论推论出"凡思维者皆实存"。这实际上违背了笛卡儿的本意，笛卡儿认为"我在"不是从"我思"推论出来的，而只是对后者的直接确认，是一种存在的自明性，这里不存在逻辑关系。在康德看来，"我思"是一个经验性的命题，而对他来说，重要的工作是确立"我思"的先验性。康德认为，在意识活动的内部存在着一种超时间的先验结构来使得"我思"的经验得以可能，而无须寻求上帝的保障。因此，他在《纯粹理性批判》中提出：

> "我思"必须能够伴随我的一切表象；因为如若不然，在我里面就会有某种根本不能被思维的东西被表象，这就等于是说，表象要么是不可能的，要么至少对我来说什么也不是。这种能够先于一切思维被给予的表象就叫作直观。所以，直观的一切杂多在这种杂多被遇到的那个主体中与我思有一种必然的关系。……因为在某个直观中被给予的杂多表象如果不全都属于一个自我意识，就不会全都是我的表象，也就是说，作为我的表象（尽管我并没有意识到它们是我的表象），它们必须符合唯一使它们能够在一个普遍的自我意识中聚合的条件，因为如果不然，它们就不会完全地属于我。

在康德看来，"我"如果要有表象活动，那么就必须要有"我思"，"我思"是一个必要条件，同时也是一个先验条件，是使得心灵活动得以可能的结构性要素。康德认为"我"担任着承载与聚合我的表象活动的功能，即逻辑主词。并且，"我"不是被动地担任这些功能，而是主动地、有所觉知地发挥这些功能，也就是说我有一种自身觉知。这是笛卡儿完全没有提及的。康德进一步指出，虽然"我思"是统摄我的一切表象活动的结构性要素，但是在这个过程中，存在着我没有意识到"我"的时刻，存在着我对于自身没有自身意识的时刻。这一点对于萨特来说非常重要，他认为在康德这里已经出现了前反思的维度。这里出现了两个"我"，康德没有识别出来，将其混为一谈，因为他没有看到他所讲的"我意识到我的表象"这一思想活动其实是一种反思活动。

康德所说的"思"与笛卡儿所说的有很大不同。后者是指一般意义的思想活动，具有瞬时性的特征；前者是指作为表象活动之条件的统觉，它不是每一个具体的"我"在思，不是瞬时性的，而是一个始终存在且同一的"思"。康德在这里表现出他对于认识活动的统一性有一种强烈的问题意识。在这个环节里，存在的困难是，"我思"作为条件无法解决"存在"问题。康德所讲的"我"是思之统一性的主词化表达，笛卡儿则聚焦在每一个当下的"我思"活动的确证。这里存在的问题是：如何看待"我"在思想活动中的两义性？

三 胡塞尔

早期胡塞尔意识到康德的自我问题归根结底是一个统一性的问题，他反对这样一种理解，他认为"自我本质地包含在'主观体验'"中这件事情并不是确然的。所以在《逻辑研究》中，胡塞尔所持的看法是：自我并不是固有的。这一点恰恰是萨特所认同的。具体来看：

一些与康德相近的研究者认为，而且还有一些经验研究者也认为，这个纯粹自我意味着一个统一的关系点，所有意识内容本身都可以以完全特殊的方式与这个关系点发生联系。因此，这个自我本质地包含在这个"主观体验"或意识的事实之中。……我无法将这个原始自我绝对地看作是必然的关系中心。我唯一能够注意到，也就是唯一能够感知到的，是经验自我和它与那些本己体验或外在客体的经验关系，这些体验和客体在被给予的一瞬间恰恰称为特殊"朝向"的对象，而在这里，无论是在"外部"，还是在"内部"，都始终留存着一些不具有与自我的关系的东西。

——胡塞尔《逻辑研究》（第二卷）

胡塞尔反对康德所说的"先验自我"，认为在意识活动中存在一些时刻，自我是不出现的，也是不必要的。胡塞尔的立足点的是经验自我同其经验的意识活动之间所展现出的经验关系。他认为意识总是关于某个对象的意识，是一种"朝向"的活动。在这样一种意向性的体验中，自我并不是实项的内容，真正存在的实项内容是对象，以及"我"对于这一对象的朝向。

但是晚期胡塞尔放弃了这一早期设想，回到了康德主义的立场，认同先验自我是一种必要条件。

由于现象学还原而产生的现象学自我也变成了一种先验的虚构吗？让我们把还原一直进行到纯粹意识流。在反思中每一实行的我思行为都具有明确的我思形式。当我们实行先验还原时，它是否失去了这种形式呢？……纯粹自我在一特殊意义上完完全全地生存于每一实显的我思之中……按康德的话来说,"'我思'必须能够伴随我的一切表象"。如果在对世界和属于世界的经验主体实行了现象学还原之后留下了作为剩余的纯粹自我(而且后者本质上与每一体验流都不同),那么同时就出现了一种本源的、非构成的超越性,一种内在性中的超越性。

——胡塞尔《纯粹现象学通论》

　　胡塞尔认为,如果没有先验自我,不仅我的意识活动是不可能的,而且世界也无法向我显现出来。因为世界必须要在一个组织起来的框架中向我显现,而这个框架只有在现象学的自我之下才是可能的。此外,胡塞尔的现象学还原在很大程度上是一种反思性的工作,现象学自我的确证性来自这种反思的操作。萨特认为,胡塞尔重蹈了康德和笛卡儿的错误,把反思的位置拔得过高,把反思的结果当作一切意识活动的结果,而反思仅仅是意识活动的某一个环节,甚至是非常不必要的环节,不能把一个特殊的东西当作普遍的东西。

　　在胡塞尔这里,"思"是一种意向性活动的体验流,是关联某个对象的意识活动,同时也是体验活动,这种体验活动是统一的,而不是分散的。问题在于,这种统一是自发的内在统一,还是超越的统一?胡塞尔所说的"我"是意向流的基质,但"我"究竟是还原的剩余,还是还原的产物?胡塞尔认为反思只是一个单纯的剥离工作,而不会带入新的东西;萨特则认为反思并不纯粹,它所剥离出来的东西恰恰是它自己添加进去的东西。

四　小结：（我）思还是"我"思

在"我思"的哲学追问中，呈现出两种关切：形而上学与知识论。前者关注存在是否可疑，后者关心知识是否可靠。在对于"思"的经验中，表现出"每次"思与"所有"思的问题，前者注重思与在的当下关联；后者强调思之在的综合统一。在此之下，"我"的形象表现为"弱"我与"强"我，前者是"我"之为"最小化的自身性"，后者是"我"之为（先验）主体性。总而言之，对于"我思"的追问可以划分为两种提问方式：一种是"（我）思"，这种提问的重点是"思"，"我"仅仅是附加性的；另一种是"'我'思"，这种提问把"思"作为"我"的标志物。

自我与他人——一些哲学思考

复旦大学哲学学院教授、博士生导师 ◆ 徐英瑾

> 人是社会性动物，社会由你、我、他来构成。因此，对于心智本性的考量无法让作为社会性动物的人所处的社会关系来考察。在本次演讲之中，我将讨论一些涉及自我与他人之间的关系的哲学问题。这些问题包括：我们如何知道别人的感受是与我们相同的？我们能否预测别人的行为？集体的意向性是怎么一回事？公共的语言是如何在个体之间传达意义的？今日的演讲涉及的问题，将横跨心灵哲学与语言哲学这两个领域。

一 他心认知："感同身受"这事存在吗

相信大多数人都具有这样一个能力，就是能够察言观色。看到别人笑了，就知道这人开心了；看到别人哭了，就知道这人伤心了；看到别人一脸沮丧，就能猜出这人碰到了不开心的事；等等。但是，这种把握别人心灵状态的能力又是怎么来的？

关于我们是怎么理解他人心灵状态的，有两种不同的理论，我觉得都有道理。一个理论比较走感性路线，一个理论比较走理性路线。走感性路线的这个理论叫"模仿理论"，走理性路线的那个理论叫"关于理论的理论"（theory-theory）。

"模仿理论"是什么意思？我来解释一下。比如，假设我是个小朋友，我看到别的小孩儿心爱的玩具被砸坏了，哭得很伤心，我也觉得很伤心。为什么我也会觉得很伤心？是因为我联想到，如果我自己的洋娃娃摔坏了，我也会抱头痛哭的，所以我将心比心，也跟着哭了。"模仿理论"的核心思想就是：你把自己设想成他，你就能与他共情，于是你就知道他人的心理状态是什么样的了。

不少科学家认为，共情感的产生是有神经科学基础的，譬如与镜像神经元系统（大约处在额下回的背部区域与顶下小叶的头部区域）的运作有关系。镜像神经元能够使得别人做某事的时候，看见这一行为的我也跟着做。另外与共情感相关的脑区则是前脑岛与前扣带回。反过来说，一些冷酷的杀手之所以作案的时候缺乏共情感，很可能是因为使得共情感得以产生的神经回路发生了畸变。

再来看"关于理论的理论"。不能不承认，"关于理论的理论"的确是一个很啰唆的表达。用大白话来说，其意思便是：每个人心里面都有一种理论，以便用来预测别人的行为是什么样的。比如，在大多数情况下，你如果看到别人哭了，那就能预测到别人心里不开心。这就是"关于理论的理论"的一个典型的法则。

有意思的是，一部分动物心理学家认为，不少动物也具有构建"关于理论的理论"的能力。譬如，一些猴子会向别的猴子发出关于蛇出现的假警报，将别的猴子吓走后，它们再跑过去捡拾它们丢下的食品。这就说明这些猴子具有揣摩别的猴子的心理状态的能力。

需要注意的是，偏重感性的"模仿理论"与偏重理性的"关于理论的理论"并不一定是彼此竞争的，而很可能是互相补充的。这是因为，虽然对于他人的共情感肯定意味着对于他人心灵状态的把握，但是对于他人心灵状态的把握却未必意味着共情感的产生。譬如，你完全可能在并不同情某罪犯的前提下理解其犯罪动机。这也就是说，推理也是获知别人心理状态的重要途径。

接下来我们就来讨论，如何提高他心认知能力。提高他心认知能力的基本方法，就是情境复原法。也就是说，让你处在与别人类似的情境中，然后尝试着感受别人所感受到的东西。

日本作家盐野七生撰写《罗马的故事》时，为了能与古罗马人共情，就专门跑到古代的遗址采风。譬如，到奥古斯丁大帝的度假胜地卡普里岛去感受他当年沿着台阶登到岛顶的心情。盐野七生是有条件这么做的，因为她虽然是日本人，但是长年旅居意大利。

但对于没有如此便利的情境复原条件的人来说，还有什么办法增强其共情感呢？其中一个办法就是阅读优秀的小说，因为优秀的小说往往是由具有优秀的共情感的作家写就的，他们的文笔已经向读者勾勒出一个使得读者自身的共情感得以被增强的虚构世界。另外，推理类的小说则为"关于理论的理论"的运用提供了丰富的案例。如果能够在这方面稍加注意的话，那么，大家就能在获取共情感方面具有更多的优势。

如果不同的人能够彼此共情，产生相同的意向指向的话，这就会催生"集体意向性"。

二 集体意向性：当我们说"我们"时，我们到底是在指谁

在日常生活中，大家经常会听到带有集体性质的表述，比如"我们相信""我们希望""我们决定"……那么所谓的"集体意向性"，是否就是个体意向性的简单相加呢？世界上有没有集体意向性？我们现在就来讨论讨论。

讨论集体意向性的问题，在现实生活中的意义又是什么呢？

举个例子：假设你是A公司的人，要将某项设备卖给B公司，但B公司不接受你们公司的报价，然后你就在办公室里面嘟囔："这B公司的人也太抠门了。"

你刚才的抱怨已经引出了一个哲学问题。请问："B公司"到底是指什么？是指一群人（B公司的所有的人），还是一个人（B公司里的那个下决心拒绝你们公司报价的具体负责人）？

你们公司的一些人恐怕马上会说："'B公司'显然就是指B公司里的那个下决心拒绝我们公司报价的具体负责人。我们可犯不着与B公司里的一个保洁员较劲。"

但事情真如此简单吗？我们再造一个句子："日本联合舰队在1941年12月7日偷袭珍珠港，把美国给激怒了。"那么，这里所说的"美国"，到底指的是谁呢？

"美国"显然不是指当时的美国总统罗斯福一个人,因为好像当时有很多美国人都生气了。这样一来,"美国的愤怒"这个表达式便非常明显地牵涉到了集体意向性。换言之,我们已经把"愤怒"这种意向性状态指派给了一群属于一个集体的人,而不是一个人。

但是分析到这一步,好像还有一个问题要讨论:"集体"到底是什么?是类似于"在同一个电影院里一起看同一部贺岁片的观众"那样的松散集体,还是像一支久经考验的足球队那样内部关系非常紧密的集体?或者说,当我们分析集体意向性的时候,需要将其中的哪一类集体作为我们的典型性样本呢?

一部分哲学家倾向于认为,即使是足球队这样的坚实的集体,其所产生的意向性,还是能够被还原为那些松散的集体(如看台上的观众)所具有的意向性的。甚而言之,那些松散的集体的意向性,最终还是还原为个体的意向性。

那么,究竟这种还原是怎么产生的呢?以一群人排队买电影票为例,为何这群人会产生"我们一定要排好队,不能插队"这样的集体意向性呢?背后的产生机制是这样的:我看到你在排队,你看到我也在排队,这时候,我就会对你产生这样一种想法:我相信你具有这样的信念,即排队对于你自己来说是有利的。而你也应该对我产生这样的想法,即你相信我相信排队对我是有利的。就这样,不同的人对于对方信念的猜测彼此交织,就构成了集体意向性。但毫无疑问的是,这套机制得以运作的起点,依然是个体的意向性,或者是个体对别人所采取的意向解释姿态。

但这样一来，问题就很容易被复杂化了。按照上面的理论，如果有很多人在一起排队，并产生"要排队"的集体意向，那么背后发生的故事就是：A要相信B相信排队对自己是有利的，同时B也会认为A有这个信念，C有这个信念，D有这个信念……这实在是太麻烦了。这套理论与常识产生最明显的冲突地方就在于，我们平常在排队的时候，显然不会对队伍中的任何一个人的心理状态做出如此复杂的推理。

面对这样的指责，那些主张要把集体意向性还原为个体意向性的人，还有进一步的说辞。他们说："我们用不着把队伍里每个个体的名字全部列出来，但是我们至少得相信，大多数人和我的想法是一样的。"

但是，有些哲学家就提出了不同的意见。其中一个非常有意思的意见就是，如果你仅仅是相信别人也会和你做同样一件事情，你就会遗漏集体意向性中的意图，特别是"把事情做好"这个意图。

我再来举一个例子：假设我和你都是同一个足球队的成员，我们都在绿茵场上奋力搏杀，并彼此产生了很好的默契与协同，而这一默契与协同本身又有一个更深的目的指向，即球队的整体利益。

很显然，倘若这种默契感的产生，仅仅是因为我相信我协助你对我有利，并相信你相信你去协助我对你有利，而你也相信我帮助你对我有利……那么我们就无法解释为何整支球队的运作会如此高效（很明显，利益计算的环节越多，整个团队的运作就会越低效）。这也就是说，为了解释默契感的产生，我们还需要求助于某种精神黏合剂,即某种不可被还原掉的、作为集体运作之基础的集体意图。如果我们不预设这一集体意图存在的话,我们也就难以解释如下现象:在很多情况下,很多人的确是为了集体的利益不加思索地奉献自己的,而这样的集体也会显得比较有战斗力;与之相比较,那些个体成员一直各怀鬼胎的松散集体,则一遇风吹草动,便会作鸟兽散。

顺便说一句,上述关于集体意向性不能被还原为个体意向性的论证,乃是美国哲学家约翰·塞尔所给出的。他在心灵哲学与语言哲学领域都具有很大的影响力。

根据上面的讨论,大家可能已经知道了,集体意向性是一种不可被还原的、具有基础地位的意向性,这种意向性是强大的社会团体得以形成的基础。

集体意向性在现实世界中的形成,乃是一个社会学、心理学和政治学的话题。其形成既需要教育系统长期的灌输,同时也需要相关利益机制的积极反馈。比如,一个人所在的集体若要让其成员觉得它自己是真实存在的,而不仅仅是一个名号,那么,该集体就要将各种各样的保障措施做到位,比如经济保障措施、劳动保障措施、医疗保障措施,等等。

话又说回来了,一个集体什么时候会失去凝聚力呢?这也就是集体意向性分解为个体意向性的时候——这时候每个人都开始打自己的小算盘了,并因此使得整个集体的协调运作出现各种紊乱。到最后,这样的集体就很可能会被更强大的集体所击溃。

上面对于自我与他人之间关系的讨论,基本是在心灵哲学的领域内进行的。我们将在语言哲学的领域内讨论此问题。需要注意的是，语言天然就是社会中诸个体的黏合剂，因此，语言的公共属性乃是天生的。而关于语言的公共性与社会性的最重要的哲学断言之一，便是"意义即用法"这一判断。

三 意义即用法：四叔的颧骨不高，为何也算我家的人

从本节开始，我们将暂别心灵哲学的领域，而进入"公共语言与日常用法"这个新话题。我们首先要处理的一个相关的语言哲学论题，即"语词的意义的本质即其用法"，概括而言，便是"意义即用法"。

为什么讨论这个问题？这是因为这种对于语词意义的看法，乃是与西方哲学传统对于语词意义之看法的观点有所差异的。按照西方哲学的传统观点，语词的意义只能通过下定义来确定。苏格拉底便是持有这种传统观点的代表性哲学家。

在《柏拉图对话录》里，柏拉图的老师苏格拉底就经常在雅典的城邦里面到处闲逛，找人辩论，问大家对于某某事物怎么看，对于某个核心概念的定义该怎么找。

有个年轻人拎着两只鸡，要到神庙里杀了鸡献神，苏格拉底就把他拦住了，问："年轻人，你为什么要去杀鸡献神呢？"年轻人说："我虔诚啊，我去敬神啊。"苏格拉底就问："你敬神，但问题是你知道'虔诚'这个概念的含义到底是什么吗？"这个雅典青年急得抓头皮，随便就讲了个定义。苏格拉底非常不满意，接下来就反反复复地和这个青年讨论"虔诚"的定义到底是什么。

苏格拉底为什么要这么做呢？他的思路是这样的：你要做与概念A（如"虔诚"这个概念）相关的事情，你就得对概念A本身进行定义，否则，你做的这个事情本身就失去了根据。相较而言，儒家思想主张"名不正则言不顺，言不顺则事不成"的话，苏格拉底主张"定义不准则事不成"。这里需要注意的是，"定义"并不是儒家所说的"正名"在西方哲学传统中的对应物，因为儒家说的"正名"指的是主语所描述的对象所具有的特征与相关名分所蕴含的规则之间的互相匹配——而对于这种匹配性的判断，是不需要说话人将相关名分所蕴藏的所有规范在反思的层面上加以展示的。与之相比，定义活动却需要我们将被定义项得以存在的充分必要条件予以清楚的展示。从这个角度看，苏格拉底的"定义"要比儒家的"正名"具有更高的理智门槛。

但苏格拉底学说的麻烦也正源于此。正因为"定义"的理智门槛太高了，这就使得我们日常运用他的思想时会出现极大的不便。假若某男生爱上了某女生，那么，按照苏格拉底的说法，他就首先要对"爱"本身下一个定义，否则，他就不能被说成是真正爱上了那女生。但众所周知的是，"爱"是一个极难被定义的词。而且，世界上很多不擅长语词定义的人，未必不能深深相爱。这也就是说，定义这件事很可能没有像苏格拉底想象得那么重要。

对"定义概念"这件事的重要性提出质疑的一位最重要的当代哲学家，就是出生于奥地利（后加入英国国籍）的大哲学家维特根斯坦。维特根斯坦在其前期和后期开创出了两种不同的哲学思想：他早期的哲学思想主要是由他的《逻辑哲学论》代表；他晚期的思想则主要是由他的《哲学研究》代表。

《逻辑哲学论》仍然设定了某种关于意义的对象理论，也就是说，每一个语词的意义，都是通过它所指涉的对象来确定的。由此，你就能通过把意义分解为对于这些原始对象的指涉，来完成对于复合意义的重构。这个过程，与苏格拉底所孜孜以求的定义活动也是颇为类似的。

但维德根斯坦的后期哲学基本上放弃了这个思想，因为他发现，在日常生活的很多场景中，我们没有办法对语词的意义下一个很清楚的定义。而且，此类定义活动所瞄准的"共相"概念也是虚妄的。于是，维特根斯坦就沿着元语言唯名论的思路，提出了一个旨在替换"共相"概念的新哲学概念，以便使得定义活动彻底失去其对象。这就是所谓的"家族相似"（family resemblance）概念。需要注意的是，这个概念现在已经不仅仅是一个哲学术语了，它早已在人文社科的各个领域流行开了。

什么叫"家族相似"呢？比如，你去参加邻居家的一个家庭聚会，你就会发现，这个家的家庭成员的长相是彼此有点相似的。但到底是哪一个方面彼此相似呢？鼻子、眉毛、发色，还是皮肤的质地？最后你会发现，没有一个身体特征是为家庭的所有成员共有的。不过，这仍然不妨碍我们把他们都看成是一家子人，因为上面所说的这些属性至少为这个家庭当中的足够多数量的成员所分享。

那么，凭什么说"家族相似"概念构成了对于苏格拉底所鼓吹的"下定义"的方法的反驳呢？其道理是：按照苏格拉底式"下定义"的思路，你就要对家庭所有的成员的共通特征做一个无所遗漏的罗列，并且按照这样的模板来写定义的内容："任何一个对象被判定为属于家庭甲，当且仅当该对象的外貌特征不多不少正好包含下面所涉及的内容：A、B、C、D、E……M。"与之相比，家族相似关系则将某对象从属于某家庭的条件放松了。说得更确切一点，按照后期维特根斯坦的观点，任何一个对象被判定为属于家庭甲，只需要该对象的外貌特征包含下面所涉及的内容中的大多数：A、B、C、D、E……M。而且，这里所说的"大多数"究竟占比多少，是因特定的语境而定的，而无不变的定规。换言之，关于如何判断某事物是否从属于一类，需要的不是预先给定的定义模板，而是大量的语言实践所提供的语言直觉。

基于家族相似论，维特根斯坦提出了所谓"意义的本质在于其用法"的观点。那么，这一观点与所谓的家族相似论之间的关系是什么呢？前面已经提到，对于家族相似论的运用，已经涉及一定的语境因素。譬如，"高颧骨"这个面部特征是否被视为某一家庭的家庭成员的标准，是因人而异的。三叔的颧骨高，所以他是我家的成员，而四叔的颧骨虽然不够那么高，但基于他的鼻子足够高这一点，他也算我家的人。为何对三叔适用的标准，落到四叔的身上就得变通一下？这是由我们的日常语用直觉来决定的。所以，家族相似的说法，本身就蕴含了对于"用法"的重视。

讲到了这一步，我想起一个例子，这个例子足以证明有些人不懂维特根斯坦的"意义即用法"的道理，总是想从每个词的字面意思去理解词义，由此就会闹出笑话。

比如，张三经过邻居春花家门口，看到邻居春花正坐在门口晒太阳。春花旁边有一条狗，看上去非常凶猛。张三想去摸一摸狗，但是又怕被咬，就问春花说："春花，你家的狗咬人吗？"春花说："肯定不咬人。"于是张三就放心大胆地摸了那条狗，结果被狗咬了。

张三事后很不开心，就问春花："你这小孩子怎么撒谎？"春花说："我没有撒谎。"张三说："你不是说你家的狗不咬人吗？可我刚才摸你的狗，然后就被你的狗咬了，这事怎么说呢？"春花就说了："我家的狗的确不咬人，但我什么时候说刚才咬你的狗是我家的狗呢？这条狗其实是小黑子寄养在我家的，过几天他就会领走。"

这个笑话告诉我们什么呢？"你家的狗"这样一个短语，在大多数的场合里指的就是你家的狗，至于你家的狗是不是在我身边，是不是在我眼前，这是无所谓的。但是在当下的这个语境里面，既然张三的手指指着这样一条狗，并与此同时说"你家的狗"，那么在这样的语境中，他说的狗就是眼前的这条狗，而不是字面意义上的"你家的狗"。也就是说，在这样一个特殊的语境当中，"你家的狗"这个表达式的用法改变了，你是不能按照这个表达式的字面意思去理解它的。春花的错误，就是依然按照这个表达式的字面意思去理解它，由此让张三倒了霉。

使用一些修辞手段，比如说夸张，比如说反讽，比如说借代，这样监测者就没有办法把握到规律了，因为现有的机器是做不到这一点的。

在这里，我想稍微谈谈后期维特根斯坦的语言观与人工智能的关系。现在我们所处的时代，貌似是人工智能技术发展一日千里的时代。也正因为这一点,现在很多人都在担心未来机器翻译会把人类译员的活给抢了,从此以后学外语的人可能就"没饭吃了"。因此,这样一种声音现在貌似也颇有市场了:现在我们似乎也就没有必要好好学英文了,以后完全让机器来做翻译吧!但实际上,这种观点是非常偏颇的。为什么呢?因为现在的机器翻译技术更多是根据海量的语用案例,来对新语境中的词语搭配方式与双语对译模式进行预测,而无法对该语境自身的特定语用信息进行细致的分析,遑论在此基础上灵活地改变词语的用法。

以张三与春花之间的那场对话为例,春花的思维方式其实就非常接近机器人的思维方式:她更多地是根据词语的字面含义,或者是词语在大多数应用场景中的含义,来思考词语指涉的到底是什么,而没有办法根据语境所提供的特殊信息,灵活地改变词语的所指。

除此之外,任何一种对特定语境的特殊信息有所依赖的修辞手段,如夸张、反讽与隐喻,都很难被目下的机器翻译技术很好地处理。我们会在后面深化对于该问题的讨论。而本节的讨论,其实已经足以使得我们得出这样的结论:后期维特根斯坦"意义即用法"的观点,乃是一种很难为当下的主流机器翻译技术所消化的观点,因为在主流技术对于大数据的依赖与维特根斯坦对于当下语境的特殊性的强调之间,是有着一种不可克服的张力的。

四　言语行为："二战"史上的一个重要暗号

在本节中，我们将沿着前文讨论"意义即用法"这一理论的理路，引入一个新的哲学概念——"言语行为"（speech acts）。

我们先来讨论一下"言语"与"语言"这两个词。在汉语里，"言语"和"语言"只不过是把"言"和"语"的次序做了一个调换，因此我们在用汉语讨论这些问题的时候，可能不会太重视"语言"和"言语"之间的分别。但是在英文里面，二者的区别是很大的："言语"是"speech"；"语言"是"language"。

那么，这两者之间的区别是什么呢？语言是一个静态的存在，比如说汉语，它就是一种客观的概念体系。但言语就不一样了，言语指的是我们用某种特定的语言来办事的动态的活动。比如，我在上海说上海话，我到广东学广东话，我跑到美国则说英语，我为什么要在不同的地方讲不同的语言呢？道理很简单，我得入乡随俗。那我为什么要入乡随俗？因为我要和别人交流，我得解决问题。而语言一旦进入了"解决问题"的具体情境之中，也就变成了言语。而所谓的"言语行为"，也就是指人类运用语言而完成的各种活动。

对言语行为理论做出重要贡献的一位哲学家，乃是牛津大学的哲学家奥斯汀。他与后期维特根斯坦一样，同属于一个叫"日常语言学派"的哲学流派。该哲学流派的主要思想是：哲学研究应该远离那些抽象的、精密的逻辑分析，而要走向活生生的日常语言分析。现在我们就来看看，奥斯汀是怎么来看待言语行为的。

奥斯汀将言语行为区分为了三类,由此对日后的语言哲学的研究产生了深远的影响。

第一类言语行为叫"以言表意行为"(the locutionary act)。什么叫"以言表意行为"呢?就是你把意思说出来,然后大家听到什么就是什么了。

比如这样一句话,"秋天的小提琴在漫长地哭泣,用单调消沉的气息伤我的心"。大家听出来了吧,这是一首诗。此诗取自法国诗人保罗·魏尔伦的《秋歌》。就字面上的意思而言,这首诗要表达的是那种颓废的、有点小资的那种情调。而且,既然这句子里包含了"伤心"这样的字眼,这就说明说话人的确伤心了。

奥斯汀提到的第二类言语行为叫"以言行事行为"(the illocutionary act),就是以语词为工具来办事情。

那么办哪些事情呢?你可以用语言来陈述一件事情,你可以用语言来警告一件事情,你可以用语言来承诺一件事情。比如,当陈述一件事情时,你就会说:"这里起火了。"如果是警告,你就得说:"这里要起火啦!"若是承诺,你就得说:"有咱们消防队在,再大的火,我们也能灭掉。"在这样的情况下,一个相同的关于"火"的语言内容,就可以与不同的言语态度(陈述的态度、警告的态度或者是承诺的态度,等等)相互结合,构成非常复杂的组合。

我们再拿《秋歌》这首诗里的那个诗句做例子。这首诗在人类战争史上扮演了一个很重要的角色。在诺曼底登陆前夕,法国抵抗组织就接收到了盟军总部发来的这首诗歌当中的这个句子，其真实含义其实是："诺曼底登陆即将发生，命令贵部立即到德国占领军的后方破坏其运输线！"很显然，这是一个带有"命令"这一命题态度的"以言行事行为"。毫无疑问的是，《秋歌》的原句并不包含这层意思，是盟军指挥官对于该诗句的二次开发才使得其具有了与其字面意思几乎毫无关系的新含义。

第三类言语行为叫"以言取效行为"（the perlocutionary act）。也就是说，那种以语词为工具，并以取得一定的效果为目标的行为，就是"以言取效行为"。

我举一个稍微简单一点的例子。比如我看到了火灾的场景，就喊了一声"火"，从第一个层面上来讲，也就是在"以言表意"的层面上，我是在表达一个意思，即对外部世界中的某种状况的一个描述；从第二个层面上，也就是在以言行事的层面上来看，我是在做一个警告，也就是说，火着起来了，大家得当心。但是警告并不是我的最终目的，我的最终目的是希望大家听到警告以后立即离开危险的地方。如果我看到餐厅的一角已经发生了大火，而餐厅的另外一角的人竟然还在吃大闸蟹，然后我冲他们喊了一声"火啊，火灾啊"，他们竟然还视若无睹，那就证明我的这个以言取效行为的目的最终没有达成。换言之，如果这些食客听了我的话后立即跑了，这就说明我说话的目的达到了。

很显然，在上述三种言语行为中，要成功实施"以言取效行为"，难度最大。我举一个例子，我参加了一个鸡尾酒会，看到一个女孩子穿了日本和服，手里面拿着一个装清酒用的杯子，我就问旁边的人："那个穿着日本和服、手里拿着杯子、正喝着清酒的日本女孩子长得挺漂亮的，气质不错，你知道她是谁吗？"但是事情的真相是：那个女孩子其实是从小在美国长大的韩裔加拿大公民，她只是因为某种原因穿了一件日本和服，而她的那个杯子里装的也不是清酒，而是清水。现在假设听话者，也就是接我话茬的那位兄弟，是知道这个女孩的背景的，他会不会由此就不知道我指涉的到底是谁呢？如果他只是在字面上理解我的话的意思的话，那么他或许真不知道我指的是谁，因为在这间房间里，根本就没有任何一个严格意义上的日本人。

但是，我相信任何一个正常人，在这种情况下都能够猜出我指涉的那个对象到底是谁。为什么呢？这其实是个很简单的推理：在这个房间里面的这么多人，最接近我所给出的那些描述特征的女孩，就是那边那个女孩。她虽然不是日本人，但穿着和服；她虽然没有喝清酒，但手里的确拿着用来装清酒的杯子；而没有第二个人更接近于我给出的这些标准了。如果我的朋友能够顺利完成上述推理的话，他就会正确地指向我所指向的那个女孩，并告诉我她的名字是什么。而且，他还非常可能会告诉我，她其实不是日本人。

以上就是一个在日常言语活动中如何澄清表达式指称的案例。这个案例告诉我们：即使说话人在以言表意的层面上指称发生了偏差，只要听话者脑补的能力足够强，他依然可以在以言取效的层面上获得成功。所以，成功的言语行为的实施，就需要说话人与听话人之间相互谅解、相互帮助，以最终达成有效的沟通。而培养这种沟通能力，提高自己的社会协作意识，也是我们培养自己的社会融入力的一个重要方面。

而下节所说的"遵守规则",更是这种社会协作精神的重要体现。

五 遵守规则:领导说话太含糊,该怎么办

我们都知道,我们在说话的时候得遵从各种各样的规则,如语法规则,以及各种各样的关于名词、动词间搭配的语义规则。然而,在这里我所要讲的"遵守规则"并不是在语言学的层面上的规则,而是在语言哲学的层面上的。

需要注意的是,维特根斯坦在《哲学研究》这本书里就专门讨论了所谓的"遵守规则"的问题。下面就是一个根据他的原著精神而被改编出来的关于"遵守规则"的案例:

> 假设有一个人,从来就没有接触过"加""减""乘""除"这些符号——请注意,这并不意味着他不会做这些运算,只是他不熟悉相关的符号罢了。有一天,他看到老师在黑板上写了这么一行字:"15+15=?"由于他不知道"+"是什么意思,所以他就在默默思考"+"的意思。这时候老师说:"15+15=30。"
>
> 这时候,哲学家的问题来了:在这位老兄得知了这一题的答案之后,他是不是能够由此倒推出"+"的真正意思呢?

很多人会觉得这位老兄应当有能力由此倒推出"+"的真正意思。

但维特根斯坦却邀请我们思考这种假定:这个人觉得"+"

真正的含义是指"先加250，再减去250，然后再加上后面那个数字"。如果用这种方式来解释"+"的话，"+"就是一个很复杂的表达式了，所以原来的问题就要被翻译为这个样子："15先加上250，再减去250，然后再加上15，请问答案是多少？"答案显然还是"30"。所以，他如果用这种方式来解释"+"的意思，也能够把"15+15=？"这题目的答案给凑对。

这个故事所表达的哲学困惑，即所谓的"遵守规则的悖论"：一方面，规则（包括如何使用加号的规则）被制定出来就是用来约束大家的行动的；另外一方面，只要你的解释力足够强大，任何一个行动都可以被说成是对于规则的遵守。很显然，这硬币的两个面是互相打架的，因为任意的解释自然会破坏规则的稳定性与严肃性。

维特根斯坦所提出的这个困惑，显然不仅具有一种哲学研究的意义，因为我们在日常生活中也经常会碰到此类困惑。

有时候领导对下属发出一个命令，他的语言是相当含糊的，到底怎么做才符合他的指示要求呢？这是一个很大的困惑。好像每一个领导都希望下面的员工是他肚子里的蛔虫，能够精确地把握到他每一条命令的真实意图，又能够自动地根据执行环境的改变，去微调相关的行动细节。当然，这样的员工是不太好找的。

于是，领导的困惑经常是：你为什么不能灵活地理解我的命令？而员工的困惑则往往是：我怎么知道我对于你的命令的灵活理解不会导致对于你命令的原意的违背？双方就在这样一个信息的拉锯战之中产生了很多的矛盾。

不过，在日常生活中，某些对于规则的临时性解释是可以被大家认可的,而有一些临时解释则会被判断为对于规则之原意的曲解。下面,我就各来举一个例子。

第一个例子:假设我知道某地的一条交通规则是要求汽车靠右驾驶,于是我在开车的时候,也依此办理。然而,开着开着,我突然发现右车道出现了严重的车祸,三辆车追尾了,没法往前开了。但左边还有道空着,这时候我自然就会把自己的车往左边偏一点,绕过这个车祸现场,等经过事故现场以后再重新回到右道上。

按照常识来判断,这样的偏离规则是可以理解的。但需要注意的是,交通规则本身可没有写这样一句话:"当你看到右边有事故现场,且无法直接开过去的时候,允许你适当地把车往左边偏离一点,以便绕过事故现场。"这是因为,如果交通规则连这样的例外都要考虑进去的话,那么其冗长程度就会超出任何执法部门的执行力的上限。

第二个例子:战国时有一个大贵族叫孟尝君,他叫自己的门客冯谖去乡下帮自己收取房租和地租。临走之前,冯谖问孟尝君:"我的主人,我要去收租了,请问要我给你带一点东西回来吗?"孟尝君就随口一说:"冯谖,你看我们这里缺点什么,你就带点什么回来吧!"

然后冯谖把什么东西带回来了呢?他实际上是两手空空回来的,但他竟然还乐呵呵地告诉主人说:"今年收成不好,那些租客交不起地租,我觉得他们太可怜了,就把租约给烧掉了。但是我还是带来了主人您目下缺少的东西,这就是人心。现在那些人都在念您的好呢!"

按照维特根斯坦的标准来说,冯谖的行为算不算违背规则呢?我相信大多数人会认为他的确是曲解了孟尝君所定规则的意思——尽管从客观效果上看,他为孟尝君收买人心的举措,的确是对孟尝君有利的。

那么,为什么在交通法规的案例里面,我们会觉得对于"靠右行驶"这一规则的有限偏离,并不至于导致对于规则的全面违背,而在冯谖的例子里面,我们反而会觉得冯谖对于孟尝君所定下的规则的重新解释有一点牵强呢?这显然就牵涉到了"违背规则"的标准问题。我们马上就来讨论这个问题。

我认为相关的评判标准有两条。第一个评判标准:新的规则解释,是建立在对于规则建立者的基本意图的正确判断之上的,否则这一规则解释就会违背原始规则的精神。

先用这个标准去判断交通法规的那个案例。非常明显,在那个案例中,交通规则的制定人的原始意图肯定是要尽量减少交通拥堵。而在右车道已经成为车祸现场的情况下,继续将车沿着右边开,非但不能减少交通拥堵,反而会加剧之。所以,合理的变通方式,就是让车子朝左边绕一个小圈子,然后再继续回右边开,以便最大限度地尊重立法者的初始意图。

再用这个标准判断冯谖对于孟尝君的命令的解释。我们知道,孟尝君的命令"这里缺点什么,你就带点什么回来",显然是有特定的语境的,此即孟尝君对于府上当下财政状况的抱怨。

所以，根据这一语境，"这里缺点什么，你就带点什么回来"一语显然就与财物的匮乏有关。在这种情况下，冯谖把这句话理解成要去收买人心，这显然就是一个系统性的误解。

第二个用来判断是否遵守规则的约束性条件，则是看我们对于规则中所出现的一些核心语词的理解是否符合大多数人的语言直觉。比如在孟尝君的例子里，孟尝君说的"你就带点什么回来"，这个"什么"显然指的是实物，也就是那些实际的、可以摸到的东西。而冯谖却把这个词的所指解释成了抽象的、不可计量的事物，也就是人心，这显然是对于孟尝君原意的系统化误解。与之相比，在交通法规的案例中，将车向左行驶的行动却并不意味着行动的执行者故意将"右"理解为"左"了，相反，他依然将"左"解释为"左"，将"右"解释为"右"。他之所以将车往左边略微开一小圈，恰恰是因为他要在更大的尺度上尊重"靠右行驶"这一规则。

我们该怎么样把上述两个约束条件与具体的工作生活结合在一起呢？

这在很大程度上将取决于你处在怎样的职场生态位上。假设你是一个领导，你需要下属能够更好地执行你的命令，你不妨多说几句话，把你给出的这条规则背后的意图交代给大家。同时也要避免使用一些含混语词，尽量说得清楚明白。

同时，员工也得小心一些居心不良的领导的话术。有些领导故意把话说得很含混——这样，一旦出了事，他就可能会对规则做出一种对其本人有利的解释，然后把事情全部推到你身上了。而为了预防发生这种事情，你就可以装作一副向领导请示的样

子，恳请他把命令的细节说得更加清楚，并且最好让其签字。这样一来，将来即使出了什么事，责任也就比较清楚，员工也可以更好保护自己的利益。这些都是职场生活的一些小技巧，但是它背后可是有着非常深刻的语言哲学的道理做支撑的。

六 私人语言：这种感觉你们都不懂，只有我懂

维特根斯坦对于日常语言用法的研究，必然会牵涉到对于心灵与语言之间关系的讨论，因为人类自然语言中的一大部分是用来描述心灵状态的。这也就导致了某些相关的哲学问题是为心灵哲学的讨论与语言哲学所分享的。本节所讨论的私人语言问题，便是这样的一个问题。现在，我们从语言哲学的角度，将这个问题梳理一遍。

在日常生活中，很多人都有这样的一种体会，就是我有一种感觉，这种感觉非常特殊，但我说不清楚是什么。最典型的就是在医院里：

病人："大夫，我这儿疼。"

大夫："你哪儿疼？是这儿疼吗？"

病人："不是这儿，是那儿。"

大夫："是这里吗？"

病人："不，是那儿。"

大夫懵了："你到底是哪儿疼？"

病人："这个疼，好像到处游来游去。"

大夫很着急："到底是钝钝地疼，还是像刺痛一样地疼

呢？"

病人想了想说："好像这两种疼法都有。"

大夫听了也不知道该说些什么了。

疼痛是一种非常典型的感受，我们的语言中关于疼痛的词汇特别稀少。相比较而言，关于视觉的词汇就比较多了，所以你要描述你所看见的东西，就要比描述你的疼痛容易多了。

有了前面的讨论做引子，我们就可以界定"私人语言"是什么了。所谓的"私人语言"，就是一种直接记录言说者自己的感觉、体验的语言，而且除了言说者之外，这种语言的含义是无法被别人彻底理解的。

想想看，有时候人和人之间之所以产生了各种各样的沟通障碍，似乎就是因为不同的人实际上说的是不同的私人语言，而这些私人语言之间的无法通约处，就为人与人之间的交往制造了某种难以被克服的障碍。前面病人与医生的对话，似乎就能为上述观点提供注脚。

在西方哲学史上，最接近于提出私人语言学说的哲学家，乃是约翰·洛克，他认为语词所代表的那些东西就是观念。"观念"这个词在洛克的术语里面基本上指的就是类似于像感觉这样的东西，所以，依据他的理论，要把一件事情的意义想清楚，你就得好好体会与相关符号有关的那种感觉。比如，你要理解"红色"这个词的意思，你就一定要看过红色的东西，并能回忆起那种感觉，否则，"红色"这个符号就无法在鲜活的感觉之海中汲取自己的精、气、神。这就是洛克的语言观。

后期维特根斯坦是明确反对洛克的观点的。为了引导大家放弃洛克的观点，他便使用了"盒子里面的甲虫"这一著名的哲学比喻。

比如，有一群幼儿园的小朋友在玩过家家，每个人手里面拿一个盒子，每个盒子里有一只甲虫。有些人放的是一只七星瓢虫，有些人放的是一只天牛，然后游戏的参与者们就根据每个人的外部表现来判断对方的盒子里面到底有什么。

这里有一条重要的游戏规则：每个小朋友只能去看自己盒子里的东西是什么，而没有办法去看别的小朋友的盒子里是什么，尽管他能够听到别的小朋友所说的语词，看到他们所做的动作。但假设有一个小朋友，他的盒子里面可能什么也没有，但是他依然可以装作盒子里有甲虫的样子，和大家谈笑风生，显得非常开心。

在维特根斯坦的上述比方中，"甲虫"指的就是感觉，"装甲虫的盒子"指的就是我们所给出的那些外部行为，比如说发出"嗯嗯""啊啊""好疼啊"这种声音。那么，我们怎么判断别人是真的疼呢？那就是根据别人的外部表现。至于盒子里本身是个什么东西呢？原则上它是可以被"约分"掉的。"约分"是一个数学术语，意思就是说在这里可以实际上什么也没有，但是这不妨碍你装作里面的确有点什么东西的样子。

如果维特根斯坦这样的一个比方能够成立的话，那么实际上使得关于疼痛的语言游戏得以被进行下去的根本动力，并不来自每个人自身的疼痛感觉，而来自我们是怎么样在公共的约定中使用"疼痛"这个词的。

不过，严格地说，维特根斯坦本人并不是想说疼痛不存在——这样他可能就会抹杀正常人与"哲学僵尸"之间的区别（"哲学僵尸"指的是那种表面上与正常人一样，却毫无心灵感受的存在者。这是哲学家思想实验的一部分，并非对于现实中某些真实存在者的指涉）。维特根斯坦更想说明的观点是：即使感觉是存在的，你也不能说它是"我的感觉"。请注意，说"有感觉存在"与说"这个感觉仅仅是我的"可不是一回事。

维特根斯坦说这话的部分原因是：在英语里，说话者是可以把"疼"（pain）当作一个宾词来使用的，并让它跟在动词"have"后面，构成句子"I have pain"（我有疼）。当然，在汉语里面这么说就不那么自然了，一般来说，说"疼""我疼"也就可以了。

而在维特根斯坦看来，即使要在西方人的语言里面说"我有疼"，这个句子的真实结构也并不是其表面所呈现的样子，即"我"是一个主语，它拥有了一种疼，相反，情况毋宁说是这样的：疼是一种气场、一种状态、一种气氛，你本人只是恰好出现在这种气氛里面了。所以，"I have pain"这话的真实结构是：疼这种状态，恰好出现在了某个人的身体的某个部位上。请注意，在这里，"人"就从一个主词变成了一个方位副词，也就是说，人名只是表示了一个空间场所。

这样一来，"疼"——而不是发生疼的那个人的名字——变成了主词以后，它的地位就发生了很有意思的变化：它好像反客为主，具有了某种独立性。这样一来，你就不要把疼看成是某个人所具有的"私有物"，而是将其视为某种本在天上盘旋，而突然掉落到你身上的东西——就好似是突然掉落在你头上的好运。

有些读者或许会觉得维特根斯坦的上述论证有些问题,因为疼痛的主体和疼痛之间的关系是如此之密切,以至于把疼痛看成是某种超越于个体的、在天上盘旋的东西,显得有点过于科幻了。好吧,如果这个反对感觉私有论的论证不能说服你,那就看看下面这个论证。

这个论证是这样的:假设你是《鲁滨孙漂流记》里面的鲁滨孙先生,住在某个孤岛上,身边压根就没别人。现在你打开日记本,想办法要把刚才发生的那阵疼痛的感觉写下来。你能不能直接用汉语、英语等公共语言去写"我今天这儿很疼"?恐怕不能,因为公共语言抓不到那种特殊的感觉,所以你要为自己发明一些私人的语言符号。

你只能这样写:"今天我又感觉到了S。"

但维特根斯坦就立即反问:"'S'是什么?"

回答:"英文26个字母里面的一个,不过它现在代表一种特殊的疼。"

再反问:"可你写完了'S',过两天以后,你还能记住'S'代表什么吗?"

请注意,人的记忆过程,乃是一个信息量不断减少的过程。记忆的第一步是短期记忆(约是20秒钟之内能够被你记住的东西),然后,这些短期记忆中的一小部分有机会进入工作记忆的信息处理面板,然后,工作记忆中的比较重要的信息才有机会被编码,转入长期记忆。在这个过程中,不知有多少信息在转换过程中丢失了。需要注意的是,信息在长期记忆中的编码,在相当程度上乃是依赖于认知主体所掌握的语言符号来进行的,因此,长期记忆对于信息的省略,也是与任何一种自然语言的符号的有限性相辅相成的。这也就是说,在与短期记忆相匹配的感觉所具有的细微性与辅佐长期记忆的语言的粗糙性之间,是存在着一条不可逾越的鸿沟的。譬如,人类在短时记忆的范围内能够辨认出来的颜色种类约是100万种,但很显然,没有任何一种人类的自然语言,能够具有100万个颜色词语,以便在长期记忆中为这么多种的颜色进行编号。而且,因为这条鸿沟本身乃是由人类的记忆容量所决定的,所以,即使将自然语言转换为"私人语言"——"私人语言"的运作又离不开人类的正常记忆机制的运作,上述结论的有效性也不会遭到削弱。

如果读者还没有被上面这个反对私人语言的论证所说服的话,维特根斯坦还有下面这个论证。

维特根斯坦关于私人语言之不可能性的最后一个论证,可以通过下述案例得到引入。比如,你要坐高铁G4567次列车从上海出发到宁波去。然后你突然开始自言自语:"G4567次列车是什么时候开车的?""下午16:30吗?""我怎么记得似乎是16:20呢?"……

很显然,我们的记忆有可能出错,而当我们认为记忆有可能出错的时候,我们又该怎么纠正记忆中的错误呢?在维特根斯坦看来,这时候你就需要外部的标准了。外部的标准是什么?你打开手机上的相关应用软件,看看铁路官网上的时刻表,这就是你需要的外部标准。

然而,你绝不能像洛克的哲学所教导的那样,什么外部调查

也不做，只是闭起眼睛比照自己对于时刻表的各个记忆，看看哪个记忆更鲜活。这是因为，貌似鲜活的记忆本身也未免不受到各种偏见的影响，并因此很难说是真正可靠的。

本节能带给大家的一个工作上的小技巧是这样的：我们在工作中难免会使用一些缩写来记下一些事情来备忘。但是在使用缩写的时候，尽量不要用自己发明的缩写（除非你真有什么很机密的事情不想让别人知道）。这是为什么？因为时间长了你自己都搞不清楚你当时到底写的是什么。那种只有自己能够搞懂、别人却搞不懂的私人语言是不存在的，因为只要是可以运作的语言（包括密码），都必须向着某种程度的公共性开放自身。

七 疯子的疼与火星人的疼：疼痛的标准在多大程度上是由神经科学说了算的

在上一节的讨论中，我们谈了很多与"疼"相关的话题。然而，在上节中我们谈论的都是正常人的疼痛。现在我就想来谈谈这么一个问题：在"疯子的疼"和"火星人的疼"之间，哪种疼算真的疼。我们已经通过对于维特根斯坦后期哲学的讨论了解到："疼痛"这一语词的意义之源，并非是某种"私人的感觉"。那么，是不是有人就会立即补充说，"疼痛"这一语词的意义之源，便是与疼痛相关的人类神经活动呢？

本节就来回答这一问题。很显然，本节讨论的内容，也具有一种综合心灵哲学与语言哲学视角的意味。说得具体一点儿，我会引入维特根斯坦的语言哲学观点，对一些经典的心灵哲学话题进行反思。

本节标题里的"疯子的疼和火星人的疼"一语,牵涉到了美国哲学家大卫·刘易斯写的论文《疯子的疼和火星人的疼》。现在,我们先来看看刘易斯写这篇论文的理论动机。与一屁股坐到自然语言一边的后期维特根斯坦不同,刘易斯似乎更想在神经科学的知识霸权与自然语言所构成的历史权威之间左右逢源。具体到"疼痛"这个话题上去,刘易斯认为,关于"何为疼痛"这个问题,神经科学家的发言权是需要被尊重的,而公众的常识也是需要被尊重的。这话换用哲学术语来说,即关于疼痛的同一性理论与功能主义理论,都挺好的。

我个人非常怀疑,如果后期维特根斯坦读到刘易斯的这篇论文,就会去批评他的和事佬态度。下面我对于刘易斯观点的解读,也会借用维特根斯坦的眼光。

刘易斯首先指出,关于疼痛的科学化裁定方式,即哲学家所说的"同一性"理论,是需要被尊重的。根据该理论的观点,在某一类特定的神经结构发生了变化(如"C-纤维激发")的情况下,人才能够感到特定类的疼痛,所以,每一类的疼痛的本质无非就是相应类的特定神经结构的变化。

而为何这种立场值得捍卫呢?这是因为该立场貌似碰到了一个反例,即"疯子的疼"。

什么叫"疯子的疼"?这是刘易斯所设想出来的一个案例。一个疯子在感受到疼的时候,其C-纤维的确得到了激发,与正常人无甚差异。所以,按照同一性理论,他显然是处在疼痛状态中的。

但是他毕竟是个不正常的人。具体而言，他并不是在受到伤害的时候感到疼痛。他什么时候疼？他在做出来数学题目的时候，会喊："好疼，这数学题目我做出来了。"他在班上的考试中得了第一名的时候会喊："疼死我了，我怎么考试第一名？！"女朋友亲他一下，他会喊："女朋友亲我了，疼！"……在我们看来，引发他疼痛的外部事件，没有一件与疼相关。换言之，他的疼痛表现在其日常生活中所扮演的角色，与我们的疼痛表现在我们的日常生活中所扮演的角色，完全不同。

在这样的一个情况下，你愿不愿意说疯子处在疼痛状态中呢？刘易斯认为他依然处在疼痛状态之中——因为疯子既然依然是人类，我们就要用人类的神经科学标准去规范对于他的内部状态的言说。既然他在感受到疼痛的时候的神经基础与常人还是一样的，那么，我们就得说他依然处在疼痛状态之中。

但我的受到维特根斯坦哲学思想熏陶后的直觉则不太赞成刘易斯的意见。我的直觉是：尽管疯子的疼的神经基础和普通人大致一样，但是他疼得也太不是时候了。必须要指出的是，我们的日常语言对于"疼痛"的言说的规范性标准，更多地是与我们的眼睛所能够观察到的公共物理现象相关的，这些现象包括（但不限于）：当事人的外伤、呼叫、痛楚的表情，等等。如果疯子的这种"疼痛"也能算"疼痛"的话，我们关于"疼痛"的整个日常语言结构都会变得紊乱，而这个代价也就太大了。

但这是不是意味着一个维特根斯坦主义者不需要尊重神经科学呢？也不是。维特根斯坦主义者会补充说："你怎么能确定这个疯子在产生'疼'的时候的神经组织变化，真与正常人一样呢？"仅仅因为在二者那里都发现了"C-纤维激发"的现象就认定这一点，恐怕是不合适的，因为疯子的外围行为既然如此怪异，使得这些行为得以产生的外围神经活动与其他低层生理活动恐怕也是与正常人有差别的。总之，你只要事先预设了一种维特根斯坦主义的疼痛观，你就总能找到办法让神经科学的材料为这种哲学立场"站台"。

不过，抛开"疯子的疼"不谈，维特根斯坦主义者关于"火星人的疼"的直觉，或许是与刘易斯没有太大区别的。

讲到这里，关于疼痛的标准就不是同一性理论了。同一性理论讲的是疼痛的本质就在于它的神经学基础，现在我们不是将神经学基础作为评判标准，而是拿疼痛在你的整个行为序列里面扮演的因果角色作为评判标准。这种观点是什么？就是我们在心灵哲学里面所讲的另外一种理论——功能主义。

疼痛的功能是什么？就是避免各种各样的伤害。为了使得我们的生物体能够在这个残酷的世界中生存下去，人就会感到疼。知道疼了以后就知道怕，知道怕了以后就不会去做蠢事，这具有非常显著的演化论意义，这就是功能主义的解释。

但大卫·刘易斯又开了另外一个脑洞，就是他那篇文章的另外一部分，它讨论的是火星人的疼。

火星人是对外星人的一种总称，并不是真的指火星上的人。刘易斯所构想的"火星人"，脑子里根本就没有前面提到的C-纤维，而其身体里只有一条条管子。他们的疼痛自然也并不体现为C-纤维的激发，而是体现为上述水管内水压的变化。尽管这些火星人的生理构造与地球人大相径庭，其行为却和我们的行为没有太大的分别。你如果揍了一个火星人一通，他也会哇哇乱叫，落荒而逃，表现出满脸痛苦的样子。

现在问题来了：当火星人哇哇乱叫、满嘴喷水的时候，他是不是处在疼痛状态中呢？

刘易斯的直观认识是：这些火星人真的疼了。至于他的疼痛背后的生物学故事，则是与我们对于他的疼痛描述没什么关系的，因为我们必须富有谅解精神地意识到这样一个问题：火星人的演化环境和地球毕竟是不一样的，因此，其生物学结构与地球人有差别，也是情理之中的。故此，我们必须在面对外星生物的疼痛问题的时候，将原来的基于神经科学的标准，放松到功能主义标准的尺度。

维特根斯坦主义者会赞同刘易斯的上述结论的一半，即我们应当用功能主义的标准去裁定我们将"疼痛"指派给火星人的语义学规则。然而，维特根斯坦主义者会反对刘易斯在面对地球人中的疯子时就立即改变上述语义学规则的做法。这不仅是因为这样的一种"看人下菜"的做法会破坏我们关于"疼痛"的理论叙事的统一性，也是因为我们完全可以找到一种让对于"疯子的疼"的功能主义描述方案与神经科学彼此兼容的方式。

下面，我就要谈一谈怎么把这节的内容用到日常生活中去。在这里我想谈谈爱情。

爱情与前面所说的关于疼痛的话题，又有何相关呢？关系可大着呢。很显然，如果我们关于疼痛的功能主义的解释方案是行得通的话，那么，我们也可以把这种解释用到其他感受上，比如关于爱情的感受。

我们知道，爱情的感受和疼痛一样，都是难以名状、难以言说的。而且，这种感受也肯定会伴随着一些微观层面上的生物化学事件，如多巴胺与肾上腺激素的分泌。有人甚至专门从生物学的角度来研究老夫老妻之间的"七年之痒"——具体而言，夫妻之间的感情之所以会走向平静，便是因为一些与激情有关的化学物质，在老夫老妻那里已经都被消磨得差不多了。

那么，我们是否需要从生物化学或者是神经科学的角度去讨论"爱情"之为"爱情"的语义学基础呢？

估计不行。因为有些人天生在某些化学物质的分泌量上就要比别人多一点儿或者少一点儿；而另一方面，与爱情相关的那些化学物质的分泌，也会与别的心理事件相捆绑。譬如，对于真正的学者来说，突然想到一个写论文的点子的心理事件所带来的肾上腺激素的分泌，是非常类似于其突然看到一个可爱的女生所带来的肾上腺激素的分泌的，尽管这两个事件的社会学意义显然是彼此不同的。所以，对于爱情的本质的判断，最好就要从此类情绪在当事人的行为序列中所扮演的因果角色来入手。这就好比说，我们对于火星人的疼痛状态的裁定，最好根据相关内部状态在当事人的行为序列中所扮演的因果角色来进行。

这种态度显然会带来爱情观的变化。判断一个人是不是爱另外一个人，其主要标准便不是看其情感的强度（这种强度往往随附于特定化学物质的分泌），而是看这样的情感是否促使当事人给出了特定的行为，以便符合外界对于"爱情"的期待。因此，就像不存在一种关于疼痛的私人语言一样，也不存在着一种关于爱情的私人语言。

好吧，关于自我与他人之间的关系，我已经从心灵哲学与语言哲学这两个角度进行了讨论。而文章的末尾对于火星人与疯子的疼的讨论，则又兼顾了这两个讨论问题的视角。希望这篇文章能够深化大家对此类问题的思考。

什么是自我

复旦大学哲学学院青年研究员、硕士生导师 ◆ 尹洁

什么是自我？在切入这样一个看似抽象的话题之前，我们可以先去回顾一下在艺术史上有哪些著名的自画像，自画像总是能代表画家本人对于自己的感知。凡·高著名的自画像真迹总共有三十多幅，分别收藏于世界各地的博物馆。我们可以将他在不同画作中赋予自己的形象看作是其对于"自我"认知的多重写照。比如有这样一幅画，凡·高呈现的自我形象是这样的：前额和嘴角遍布皱纹，蓄着红色的胡子，整个人呈现木僵状态，看上去不修边幅，还有些伤感。再比如弗里达·卡罗著名的一系列自画像，她本人如此解释自己的创作：之所以画自画像，是因为常常感觉孤独，也是因为自己最了解的便是自己。了解两位作家的读者会知道，像凡·高或卡罗这样的画家，他们的个人生活境遇与其自画像中展现的"自我"似乎有一种叙事上的连贯性，这些画家似乎能从一种对于作为对象的"我"的描绘当中获取关于自身的理解。

在哲学家那里有更多关于自我的探讨。笛卡儿的著名论断"我思故我在"出自《第一哲学沉思集》，书中有这样一段话："我思，故我在……然而这样一来，我是什么？一个思想的东

西（a thinking being）。"可见对于笛卡儿而言，自我首先是一个思维的存在物，这一思维存在物区别于另外一个完全不同的"实体"——身体。笛卡儿认为，身体和心灵是两个截然不同的实体，身体的属性是广延（dimension），而心灵的属性是思考（thinking）。这种立场在哲学上被称为实体二元论（substance dualism），即虽然身体与心灵是两种完全不同的实体，但仍可相互作用。作为关于心灵的诸多理论之一种，实体二元论一直面临诸多的质疑，尽管物理主义（认为包括心灵在内的所有东西都在一种终极意义上是物理的看法）在当代有更多的拥护者，但将心灵作为一种预设至少对于解释诸多心理层面的因果事件而言显得较为必要，毕竟我们很难在解释心理因果事件的时候不先预设我们拥有心灵。马克思的创见则在于，他认为在理解人的时候，既要把人当作特殊的个体，也要考虑他的整体属性，即作为"总体，观念的总体，被思考和被感知的社会的自为的主体存在"（《1844年经济学哲学手稿》）。这样看的话，我们对于自我的了解就不仅仅停留于将其看作一个有特殊的感受、体验、兴趣和爱好的个体，而是也要从其社会属性的角度来理解和诠释这个自我。换句话说，每一个单一的个体身上都体现了其社会层面的属性，这是马克思所说的"类本质"。

如果这样谈及"自我"话题仍然显得较为抽象的话，不如试着想一下如果自己是小说或电影中的人物，会如何描述自己？或者如果这个情境不合适，试着想一下如果你遇见第一次见面的陌生人，会怎么介绍自己？面对不同对象（比如朋友、长辈、比赛评委、心动对象）的时候，你对于自己的描述会保持一致吗？还是有所区别？有一个需要提醒大家的问题是，有些人认为对于他人之自我的了解是几乎不可能的，因为一个人所表现出来的自我与内心真实的自我之间总存在着差异。在社会学家戈夫曼的《日常生活中的自我呈现》中，他写过那些总是用表演的方式来展现自我的人，他们总是在推测和判断别人会如何看待此刻的自己。倘若一个人总是在愚弄他人，用一种表演的方式与人相处，我们应该怎么看待这样一个几乎永远不可能向你展现出真实自我的人？

哲学之所以执着于"自我"这一问题的探讨和回应，是因为他们倾向于相信有一个"本质自我"的存在。他们相信，在我们因场合的不同而对自己做出的不同描述背后，存在着一个不因背景而改变的"真正的自我"。在不同的思想和文化传统当中，这种不变的自我有时被称作"灵魂"，有不少哲学家会使用"本质自我"这样的专业术语。本质一般是相对于属性而言的，前者稳定，不易变动。我真实的本质自我到底是什么？宗教和哲学的回答侧重会有所不同。宗教层面的回答可能倾向于认为人只是上帝面前的一个灵魂，其尘世的善行与成就都无关紧要，肉体的快乐和痛苦也无关紧要，灵魂的纯洁才是至关重要的。哲学性的回答则更多元，比如，真正的自我是有意识的（conscious）自我，亦即那个对自己有意识的、思考着的自我，很明显这种观点无法兼容那些认同潜意识至关重要的观点；或者，根本就不存在一个固定不变的自我，因为自我是一个伴随我们生命过程的创造过程；或者，自我是虚幻的，根本就不存在自我，自我只不过是人的幻觉，注意佛教当中也有类似的观点，即"无我"；又或者，认为自我不是个体的东西,而是整个社会的产物,比如我们之前谈到的马克思的观点,换言之,这种观点认为你的自我其实并非真正属于你自己。注意以上的这些回答每一个都并非确信无疑,比如有人会认为,除了那个有意识的自我之外,还有潜意识的自我或者无意识的自我,并且它们也不失为一种"本质自我"。

近代哲学被认为是思考"自我"问题的开端。持有二元论观点的笛卡儿事实上认为,自我既包含身体也包含心灵,所以它应该同时具有两种属性:广延和思维。他在于1641年出版的《第一哲学沉思集》当中写道:"我是什么?一个思想的东西。什么是一个思想的东西?它是一个能够怀疑、理解、肯定、否定、意愿、拒绝,同时还能想象、感觉的东西。"因此,当笛卡儿说思考或思维是自我的独特属性的时候,他其实不是单单在说思考这一件事情,而是将"思考"当作这一系列思维活动的一个宽泛的说法。

但是我们讨论自我往往不是停留于仅仅在说"自我是什么"这样一个问题,我们更为在意一个在哲学中被称为"自我认同"(self-identity)的问题,即一个人究竟是如何描述其本质自我的。传统的宗教和哲学通常会轻视物理或身体因素在自我认同当中的重要性,这是因为其更为强调灵魂的力量。但是当代不少心灵哲学和认知科学哲学的视角会让我们换个角度来看这个问题,比方说,具身认知的视角将身体看作是认知所必需的前提条件,即没有身体作为基础,是无法形成认知的。举一个假想的例子:当你的身体变成青蛙,你还是你吗?很显然,你可以坚持说,只要自己的灵魂可以不变化，你就可以不变。但是倘若真的如你所言，昨天的你是你，今天的你只有身体变成了青蛙，你的感受、喜好难道不会随着变化吗？比如昨天的你热爱火锅，今天作为青蛙的你很难接受这种奇怪的食物类型。并且，在这身体变化基础之上的那些情感、情绪以至于最深层次的自我认同，都会一并发生变化。一个人的身体状况事实上也是他的自我观念和自我认同的重要组成部分，这一点在一个人久病初愈的时候最为明显。一个人在处于疾病状态当中的自我认同不同于其在健康状态的时候，一旦从病痛中解脱出来，多半会发现自己对于自己本质自我的理解并不是那么变动不居。然而笛卡儿的观点仍然是，自我认同当中的那个"本质自我"是心灵，或者说是自我意识，即"思维着的我"（a thinking I）。洛克则认为自我并不是整个意识，而只是心灵的一个特定的部分，即只有我们的记忆才与自我认同相关，因此自我也就成了记住过去的那部分心灵。只有与记忆当中的那个自我有关的我才是与自我认同有关联的。但如果按照洛克的这个"记忆理论"，我们如何看待那些患有阿尔茨海默病的人，他们有没有一个连续的自我？阿尔茨海默病患者本人的记忆呈现碎片状，这是不是意味着他们就无法凭借这样破碎的记忆完成自我认同呢？

  我们可以用一个思想试验（thought experiment）来说明这个问题的复杂性：

>　　假定孙悟空因大脑受伤做了一个紧急手术，他的大脑被换成了白骨精（已经死亡）的大脑，于是手术后的人拥有了孙悟空的身体，然而他的意识、记忆和知识却是白骨精的。

那么活下来的人是谁？

有三个选项：A. 白骨精　B. 孙悟空　C. 不确定

选择答案A的人可能持有这样的理由：大脑尤其是其中的内容物才能真正确定一个人是谁，因此虽然孙悟空的外表没有变，但是他的大脑变成了白骨精的大脑，他的记忆、思维、意识、情感都是白骨精的，因此他就变成了白骨精。选择答案B的人则认为，身体在确定一个人是谁这个问题上的意义至关重要。而选择答案C的人觉得不管是大脑、思维，还是生物性机体，都难以定义什么是真正的"自我"。这个思想试验并不在于说明自我认同的标准到底是哪个，而只是为了说明自我认同感远比想象中复杂。

对于哲学家而言，自我包含了多个面向，这些面向包括诸如记忆、欲望、意志、激情、理性、思想，甚至奇思妙想，等等。但问题在于，对于自我而言，究竟这些当中的哪一个更为本质？不同的哲学家会偏好于用不同的面向来定义自我，有人偏重理性，也有人偏重激情，比如，克尔凯郭尔意图以激情来定义自我，他在《最后的、非科学性的附言》中写道："没有激情，生存是不可能的，除非我们是在'漫不经心地存在着'这样的意义上来理解'生存'这个词的……永恒是一匹展翅飞驰的天马，时间则是一匹精疲力竭的驽马，生存者的个体就是驭马者。那就是说，当他的生存方式不是漫不经心地存在时，他是这样的驭马者；而当他是一位嗜酒的农民，在车上酣睡而让马儿自己照顾自己时，他就不再是驭马人了。如果相信他依然在赶车，依然是一位驭马者，那岂不是有许多人这样生存着。"克尔凯郭尔的这个比喻看上去非常形象，对于他而言，生命需要用激情去驾驭，一种漫不经心的生活并不是真正意义上的生活，只是在被拖着走而已，已经失去了灵魂，失去了自我。这其中暗含了一种价值层面的偏好，即将有激情的自我和生活当作是更有意义的。

　　但哲学家们关于激情或情感的看法不尽相同。弗洛伊德认为，情感在本我当中，并不是自我的一部分，这是因为他区分了本我、自我和超我，由于本我在潜意识当中而不在显明的意识当中，因此相应的情感也不是我们能够清晰观察和认识到的。柏拉图则认为，情感虽然和理性都是灵魂必然包含的部分，但情感是灵魂中桀骜不驯的那一部分，它必须由理性来驯服。亚里士多德则认为，情感对好的生活是本质性的，也就是说，情感并非与自我分离，而是其本质要素，当然前提是一个人（尤其是在亚里士多德那里被看作是有诸多"美德"的人）能够拥有"适度的"情感。有趣的是，康德也有一个关于情感的看法，在《实用人类学》当中，他表达的观点是，情感在当人类理性还没发育进阶到足够成熟阶段的时候，可以被用作一种替代物，只要这些情感也能促使人按照道德的要求去行事。但是康德会认为真正具有道德意义的行为必须出自义务动机，这种义务动机要求理性能够仅凭自身规定意志来行动。在康德看来，只有理性才是人类真正的本质，是人类尊严的来源。理性和激情到底哪一个更具有优先地位，在哲学史上存在着长久的争议。英国哲学家休谟在《人性论》中写道："理性是而且应该是激情的奴隶。"这意味着在休谟看来，理性并没有像在康德那里被赋予绝对崇高的地位，而更多地只是作为激情支配的工具出现。但尼采给出了相反的意见，他认为任何的激情里都多多少少包含有理性成分，激情不是一种单纯被动的、感受性的东西。他著名的"权力意志"概念正体现了激情是如何作为生命的驱动力的。

关于激情或在更为一般的意义上来说的情感的研究可以更为深入，这有助于更好地理解究竟激情或情感是否适合定义自我，或者是否是自我中最为本质的那一部分。比如现象学会认为，情感不仅具备内容，还具备一种一般性的形式或结构特征。著名的存在主义哲学家萨特有一个相当完整的关于意识和情感结构的理论，他认为任何情感都是由感受和意向性构成的。那么什么又是"意向性"（intentionality）呢？我们可以比较一下自然现象与精神现象，这二者的不同就在于后者有意向性而前者没有。作为自然现象的打雷和闪电不同于作为精神现象的欲望或愤怒，是因为前者没有"关于"什么，而后者一定是"关于"什么的。因此，简言之，意向性是"关于性"（aboutness）。也就是说，情感的其他心理状态总是关于或"导向"事物、人或者事态。它被用来区分心理的事物和物理的事物，因为只有心理状态以及像表象和语言这样的与心灵相关的东西，才具有意向性。不仅如此，萨特还认为情感也是某种把握世界的方式，任何一种情感实际上都是对世界的不可思议的变形。以这种观点来看，情感是否适合用于定义自我呢？理性、记忆、欲望、意志，哪个或哪些更为适合？理由又是什么？这些问题留给读者思考。

泛谈心灵哲学基本问题

复旦大学哲学学院教授、博士生导师 ◆ 徐英瑾

一 导论：心灵哲学是什么

"心灵哲学"的英文是"philosophy of mind"。"mind"虽然在中文中被翻译为"心灵"，但它更多地是指"心智"的意思，大家可不要往宗教灵修的方向去想。那么"心灵活动"到底指什么呢？它就是指，咱们脑子能够做的所有事情的一个总和。

那么，是哪些事情呢？近代英国大哲学家休谟就告诉我们，心灵活动无非就是三种：一种叫"知"，即我们的认知活动；一种叫"情"，即我们的情感活动；一种叫"意"，即我们的意志活动。

这里还有一个问题，有一门学科叫认知心理学，研究的也是关于心智的种种问题，那么心灵哲学和认知心理学的差别是什么呢？

认知心理学更多考虑的是心灵的具体功能和具体行为的产生机制，比如，各种认知偏见产生的机制是什么，它和演化论之间的关系是什么，等等。这些问题和科学的关系更加密切一点儿。

而相比较而言，所谓的心灵哲学则是要从整体上去考察心灵的本质，它要追问一些很大的问题，比如身心关系问题、意识问题和意向性问题三个大问题。

二 心灵哲学三大问题

先来谈"身心关系问题"。举个例子：假设你觉得头疼，到医院里面去看病，做了CT。出了结果以后，医生却说没毛病。可你的确感到疼了。医生说，那种疼主要是你的一种幻觉。

这就很有趣了。如果我的精神感到不舒适了，难道我的身体就不会随之发生相应的改变吗？抑或说，这种改变的确发生了，只是仪器测不出来而已？问得更深一点：到底身体是第一位的，还是精神是第一位的？我们的心灵感受，究竟应该在世界中占据怎样的地位？归根结底，这是个哲学难题。

关于身心关系问题，主流的意见有两种。一种就是二元论，另外一种就是唯物论或者说物理主义。二元论主张，精神和物质各自都有自己的一亩三分地；唯物主义则认为，精神是附着在物质上的，人的疼痛都是附着在人的整个神经系统之上的。

显然，前一种观点更接近于一般人的观点，后一种观点则更接近于神经外科医生的观点。所以，对于哲学家来说，他就要考虑，到底是与大多数人站在一起，还是要与这些专业的医生结盟。

在心灵哲学中得到深入讨论的第二个问题是所谓的"意识问题"。意识是所有人类精神活动当中最神秘的一种。人类的精神活动大致分两类：一类是我们用言语说得清楚的；另外一类是言语说不清楚，但能被感受得到的。

举个例子，我如果在打腹稿想一篇文章该怎么写，这个打腹稿的过程是可以付诸文字的。但是，又有很多主观的精神活动是说不清楚的，比如说，我突然就觉得很痒。"痒"是一个非常抽象的词，如果要我用语言表达出我的痒，我其实说不准确。

那么，意识问题能不能够在唯物主义的框架中得以消化呢？科学能不能在某一天告诉我们意识到底是什么呢？这可打个巨大的问号。

这个问题也是对于前面所说的"身心关系"问题的一个深化，只不过因为对于意识问题的讨论已经太多了，以至于这个问题已经被分离出来，成为一个专门的话题。

第三个问题是"意向性问题"。"意向性"就是指我们的思想能够关涉到脑子以外的一些事物的能力。比如，尽管火星和冥王星显然是在我的头脑之外的事物，我现在却能在书桌前思考火星上发生了什么事，冥王星上又发生了什么事。这个能力我有，但火星、冥王星显然没有。

意向性为什么对心灵哲学很重要？历史上一个叫弗朗兹·布伦塔诺的心理学家认为：有没有意向性，是区别心理主体和非心理对象的一个很重要的标志。心理主体就是有意向性活动的主体，非心理对象就是指一块石头、一块橡皮之类的缺乏意向性活动的事物。

除了对以上三大问题的考察以外，心灵哲学也会关涉一些其他的问题，比如说"自由意志问题""自我的同一性问题""动物意识问题",等等。

这样一来,我们就把心灵哲学所讨论的问题做了一个概览。与认知心理学的考察相比,心灵哲学的讨论,更加宏观、更加涉及本质,跨界色彩也更浓郁。我之所以想讲完心理学哲学,再来讲心灵哲学,也正是考虑到了"循序渐进"的道理。

本文涉及的心灵哲学问题,更多的是关于身心关系的问题。让我们先从对于这个问题的一种最经典的回应方式——笛卡儿的二元论说起。

三 实体二元论:"我思故我在"到底是在说什么

本节的主题词,叫"我思故我在"。我要从这样一句名言出发,来讨论实体二元论的思想到底是怎么一回事。

"我思故我在"这句话,是由大哲学家、数学家、物理学家笛卡儿提出的。但关于这句话的真实含义,人们在日常生活中存在着很多的误解。最典型的一个误解是,"因为我在思想,所以我就存在"。其实这话背后的哲学推理,要比其表面含义复杂多了。笛卡儿为什么说出"我思故我在"这句话?其缘起,乃是他所思考的下述问题:

人类的知识太混乱,太不确定了。既然如此,我们能不能在天下所有的知识里面找到一些最确定的、最清晰的知识?

有人会问:"做到这一点,难道很难吗?我们日常生活中经常碰到这样的一些知识,如'我眼前有一杯茶''我现在在地球上''我头顶上是蓝蓝的天',这些日常知识虽然听上去很琐碎，但它们都很确定啊。"

笛卡儿说："这还不确定。"他随之就想出了一个惊人的思想实验，此实验日后启发好莱坞拍摄了著名科幻电影《黑客帝国》。

笛卡儿设想：有一个邪恶的精灵——这个精灵被后世称之为"笛卡儿精灵"，在操控我们的整个意识状态，使得我们产生了错觉，让我们误认为我们现在头顶上是蓝蓝的天，但实际上根本就不是。在科幻电影《黑客帝国》里面，同类设想就被转化为这个样子：人类的大脑被通过一个超级计算机加以操控，邪恶的操控者在大脑皮层产生了一些电子信号，使得大脑误以为自己当下所看到的那些场景都是真的。

那么，笛卡儿的这个思想实验到底想说什么呢？他想说的是，你对于外部世界的认知，未必是100%可靠的，它也可能是一个笛卡儿精灵系统欺骗你之后所产生的结果。所以，你若要寻找这个世界上什么东西是可靠的，就不能够从你对于外部世界的经验知识出发，比如，你就不能够从"我眼前有一杯茶"这件事出发。

那么，上一段中的"外部世界"是什么意思？与之对应的"内部世界"又是什么？现在就来详细说明。假设我现在因为光线的缘故，把一个白色的球错看成是个红色的球。但有意思的是，即使如此，我却的确感知到它是红色的。请问：我感知到它是红色的这一点，究竟是真的还是假的？

请注意，这里其实出现了两个不同的判断：第一个判断是关于你所看到的这个球本身的颜色；第二个判断则是我的视野里所出现的斑点的颜色。第一个判断涉及的，就是对于外部世界的呈报；而第二个判断所涉及的，则关于我的内部心理世界中的感觉现象的呈报。笛卡儿发现了一件非常有意思的事情：我们关于外部世界的呈报当然可能是错的，但是，关于我们主观感觉印象的呈报，则是不会错的。

即使我的大脑是像电影《黑客帝国》所描述的一样，完全被一些电子元件或者一些电极所送来的电子脉冲所欺骗，这依然不会动摇下面一个判断的真理性，即我的确感觉到了有一个红斑出现在我的视野里。至于它是怎么产生的，它是否对应外部世界客观存在的那个事物，则无法撼动我的感受的真实性。

这就是笛卡儿的发现：主观世界里事情的真假，好像可以与客观世界脱节。由此我们发现一些小窍门，任何一个命题，只要在前面加上了"我感知到""我相信""我想象"，等等，由此构成的一个更加复杂的句子的真假，就会与本来那个相对简单的句子本身的真假彼此脱钩。换言之，即使外面电闪雷鸣，只要我相信现在外面晴空万里，我持有该信念这一点，就在我的主观精神世界中成为一条真理。至于我的主观意识活动所统摄下的所有的精神活动，就是笛卡儿所说的"我思"。

但笛卡儿的名言乃是"我思故我在"。从"我思"到"我在"，到底是怎么过渡的呢？

思路如下：不难想见，"我思"所包容的内容乃是林林总总的，比如现在我想吃小龙虾，等一会儿我又想吃比萨，再过一会，我想去读读笛卡儿的书。所以笛卡儿就提出了下面这个问题：为何各种各样的"我思"活动，都能够被视为是"我的"？

说这些活动均与"我"相关的根据又是什么呢？

笛卡儿的答案是：这是因为这些活动背后有一个"心灵实体"，使得前面所说的不同的我思活动，均成为这个实体所具有的不同的属性。

什么叫"心灵实体"？就是不管你的想法怎么变，肉体怎么变，你还是你。心灵实体就像一根线一样，把你所有的心理活动组成一个非常严整的序列，前后相续。

讲到这里的时候，有人就可能会问：笛卡儿他是不是个主观唯心论者呢？他认为世界上只要是想到的东西，就是存在的，没有想到的东西就是不存在的？

我觉得笛卡儿不是这个意思。笛卡儿承认世界上有物质性的存在，比如一个杯子，而且物质世界也是有自己的实体的。比如，一棵树从小树长成参天大树，之所以还是同一棵树，便是因为这些变化背后有物质实体在穿针引线。另外，诸如"质量守恒""能量守恒"这样一些物理学原理，其背后也在一个很抽象的层面上预设了有些东西是不变的。这也便是物质实体观念的运用的体现。

所以，世界上至少就有两类实体：一类是物质世界的实体；一类是精神世界的实体。笛卡儿个人认为，这两类实体都很重要，谁都不能取代谁。

讲到这里，关于笛卡儿的二元论，我们已有一个大致的了解了。在人的肉体存在与精神存在之间，笛卡儿当然是更加重视精神存在，但他从来没有否认人的肉体存在，也从来没有说人的肉体存在可以还原为人的精神存在，这一点我们要搞清楚。

讲到这里，有人会问了：笛卡儿主义的这套思辨，与我们的日常生活又有什么关系呢？我认为，二者的关系还不小，因为在日常生活中，不少人都是某种意义上的笛卡儿主义者。比如，我们好像都在预设世界上的很多东西是具有"二重存在"的特征的：一种叫"物理存在"；一种是"精神存在"。它们都有各自的实体性。

举一个例子：复旦大学在抗日战争的时候，被迁到重庆北碚。虽然学校的地理位置发生了变化，但复旦大学还是复旦大学。有人说，学校的同一性是靠师生传承来维系的。然而，再过几十年，这些师生关系也几乎全部变了（在二十世纪五十年代的全国院系调整中，很多别的学校的名师都被调到了复旦，大大改变了江南的学术生态）。那么传承的是什么呢？一个很自然的答案就是：传承的是"精神"。那"精神"又是什么？这里显然指的是精神实体的统一性，而非物质实体的统一性。你看，这种历史叙述方式，难道不正带有笛卡儿二元论的哲学色彩吗？

四 实体二元论的缺陷：笛卡儿可能在捣糨糊

按照笛卡儿的想法，我们的整个世界（包括人）都是由两类实体所构成的：一类是物质实体，一类是精神实体。前者物质实体承载物质与身体变化，后者精神实体承载心理变化。

笛卡儿得出这个结论以后，碰到了一个尴尬的问题：怎么解释"心灵因果性"？

什么叫心灵因果性呢？就是心灵事件与物理事件的相互因果

影响。这就催生了下面的问题：心灵世界中所发生的事情（如感到口渴），为什么会导致物理世界中某些事情的发生呢（如移动胳膊，举起装着可乐的杯子，送到嘴边）？反过来也可以问：物理世界中所发生的某些事情（如有蚊子叮我），为什么会导致我们心灵中的某些事件（如感到痒）的产生呢？

那为什么实体二元论不能够解释这个现象？这是因为笛卡儿把话说得太满了。他非要把实体分为两类——物质的和精神的，同时他又认为精神和物质是两类非常不同的实体。物质是有广延性的（是占据一定空间位置的），精神则是没有广延性的。比如，你可以说一个苹果在空间中的位置是在你的左边还是在右边；但是在"我想吃苹果"这句话中，"想"这个字所代表的精神活动，在物理空间中并没有一个明确的位置。

上述二分法，就会给所谓的心灵因果性带来了一个巨大的困扰。因果关系的成立要有一个基本的前提，叫"空间毗邻性原则"。什么意思呢？比如，一个台球打到了另一个台球，并使得后者运动的过程，必然会要求两个台球能够彼此接触，而二者满足了"彼此接触"这个要求，也就等于满足"空间毗邻性原则"。

同理，若我的意志、我的想法等精神事件要引起我身体的运作，这一点也需要我的精神与我的肉体在空间中彼此毗邻。但是按照笛卡儿的观点，我们的心灵实体根本就不在物理空间中，那么，附着在心灵实体上的精神事件，又怎么可能与物理事件在空间中彼此毗邻呢？所以，心灵因果性可能是一个在笛卡儿的二元论框架内很难解决的问题。

另外，同样以心灵因果性问题为抓手，还有一个针对身心二元论的反驳乃是基于物理世界的"因果封闭性"的。什么叫因果封闭性呢？其意思是：我们这个世界中发生的所有物理事件的前面都有一个物理的原因，而没有别的种类的原因（所以说，对于别的种类的事件来说，物理世界是自我封闭的）。比如，若你要解释"为什么台球动了"，只要提到"前面有一个台球撞了这个台球"就够了，不用走出物理世界的范围，去寻找别的种类的原因。然而，笛卡儿恰恰就在这些物理原因中，还加入一类特殊的原因，叫"由精神事件所引发的原因"，这就破坏了"物理世界的因果封闭性原则"。所以，如果我们要继续维护该原则的话，就不能支持笛卡儿的身心二元论。

五 理性看待二元论，避免陷入尖锐对立

上述这些抽象的思考与我们的日常生活又有什么关系呢？前面我已经说过了，很多人在日常生活中都预设了笛卡儿式的实体二元论思想的正确性，尽管不少人未必知道谁是笛卡儿。但既然二元论的思想是难以处理心灵因果性问题的，这也就意味着，很多人预设的用以处理身心问题的思想框架是有很大隐患的。说得更具体一点，对于二元论思想框架的预设，会使得你陷入一种主观意志和外部物理世界之间的尖锐对立，而让你无法找到将意志力转变为实际效果的客观转化渠道。

举个例子：某公司的生产供应链遇到了一些困难，某些上游厂家不愿意为这个公司提供某类零件。面对此问题，产品经理自

然要着力将供货链重新理顺，努力找一家新的供货商。但是公司里面的一个领导却说，我们现在要解决的问题，是要加强我们克服问题的意志力。这话就有点玄乎了：我们怎么把意志力变成我们所需要的零件？难道精神力量就能直接用以点石成金吗？

这种抽象强调精神因素的思路，可能会导致你在日常生活中处处碰壁。精神因素即使是存在的，也是被内在地整合在物理世界之中的一个内部因素，而不是像笛卡儿所说的那样，是处在物质世界之外，并与物质实体相对立的心灵实体的属性。当然，关于如何在物质世界之内解释精神因素的存在，就不是笛卡儿哲学的题中应有之义了，因为这种解释思路在根底上就是反笛卡儿的。

讲到这一步，我已经大致介绍完了关于笛卡儿的心灵哲学的大旨。在这个过程中，我略去了对于笛卡儿的相关著作（如《第一哲学沉思集》《哲学原理》等）的文本结构的介绍，因为这些信息对于哲学初学者来说，未必是最重要的。对于初学者来说，最重要的是知道笛卡儿哲学的运思特点。

笛卡儿哲学的运思特点是：他相信推理的力量，并为寻找知识确定性的绝对基础而孜孜以求。为此，他从"我思故我在"这个原则出发，推出了他的整个实体二元论的思想。不过，在心灵因果性这个重要的问题上，他的理论遭遇到了重大的挑战。

那么，在同样的问题上，别的心灵哲学家是否能够有比笛卡儿更好的表现呢？请看下文分解。

六　身心平行论：天才们的疯狂猜想

上文我们已经看到了，笛卡儿的实体二元论，的确无法很好地处理心灵因果性问题。现在我们就来看看别的哲学家是怎么把这个问题想得更加圆融一点的。我们在此要提到的一个关键词，乃是"身心平行论"。

顾名思义，身心平行论就是说身和心是平行的，没有相交点。用身心平行论这种很奇特的观点来解决笛卡儿的哲学遗留问题的，便是笛卡儿的法国老乡马勒伯朗士。

马勒伯朗士读了笛卡儿的书后发现，心灵因果性的确是笛卡儿的二元论很难说明的一个问题，所以笛卡儿的体系是需要"打补丁"的。由于马勒伯朗士的神父身份，所以他的这个"补丁"里面又有很多基督教的风味。

作为讨论心灵事件和物理事件之间的因果关系的思想准备，马勒伯朗士首先邀请我们来思考纯粹物理领域内的因果关系。假设你有一个手机，你还有一块怀表，现在手机显示出来的时间是11：05，怀表显示的也是这个点。下面，马勒伯朗士就问大家："你觉得到底是手机的时间引发了怀表的时间，还是怀表的时间引发了手机的时间？"

这个问题的答案显然是"都不是"。所有人都会说："这两个计时器械背后依据的都是北京时间，而各个国家的官方时间背后还有一个最终的权威时间，这就是所谓的格林尼治时间，所以，不能说是某某钟表引发了另外一只钟表的运作。"

马勒伯朗士接着往下掰扯:"好,既然大家不反对我上面的叙述,我现在就不妨把手机和怀表之间的关系替换为心和身之间的关系。换言之,我们为何不能将我的心灵活动(如我渴了)与我的身体活动(如拿起可乐瓶子并喝掉可乐)之间的关系,也看成是两个钟表之间的关系呢?"

继续往下想:在讨论钟表的时候,我们会很自然地设想它们背后有一个统一的格林尼治时间在统辖其运作,那么我们为什么不能够设想,心灵实体的运作和物质实体的运作背后也有一个第三者,以成为使得两者能够相互协调的终极协调者呢?

在神父马勒伯朗士看来,该终极协调者就是上帝。这也就是说,马勒伯朗士认为,人类心智的运作与其身体的动作只是在表面上看起来像是具有因果上的相互作用,但实际上二者都是由上帝控制的。只要上帝偷懒一秒钟,我们的身心协调问题就会出现问题一秒钟。

很显然,按照马勒伯朗士的理论,从哲学角度上来看,其实根本就没有真正意义上的"心灵因果性"。换言之,心灵事件与身体事件都只是偶然地前后相续罢了。所以,马勒伯朗士的理论也被称之为"偶因论"。

我觉得马勒伯朗士是个天才。至少他想明白了一个道理:像笛卡儿那样在身和心之间非常牵强地搭桥的工作,注定是要失败的。他干脆反其道而行之,直接宣布这两者之间是没有桥梁的,而心与身之间的和谐,就是因为有上帝在默默地做担保。而且,也正是因为上帝自身的存在既不能被证实也不能被证伪,所以,要驳倒马勒伯朗士的理论,也并不是很容易。马勒伯朗士真是大大地狡猾。

关于身心平行论，还有一种更复杂、更奇葩的理论，这个理论是由大名鼎鼎的德国哲学家莱布尼茨提出的。在他看来，在人类的身和心之间，有一种"预定和谐"。

什么叫"预定和谐"？这得先从莱布尼茨的"单子"概念开始说。那么"单子"又是什么东西？

莱布尼茨反复思考以后发现：无论是物质实体还是精神实体，都有一个根本的特征，就是这个实体能够把过去、现在、未来等不同的状态拧成一股绳，变成一个具有自身同一性的东西。所以，莱布尼茨最后就得出了一个观点：即使是物质实体，它也是精神性的——如果我们将"精神性"理解为对于自身同一性的维系能力的话（而之所以说这种维系自身同一性的能力也是精神性的，乃是因为"同一性"本身只能通过精神活动来把握）。好吧，因此我们就需要一个覆盖面更宽泛的哲学术语，来指涉所有实体内部隐藏的精神性因素。这个术语就是"单子"。

不难想见，既然万物都蕴含单子，单子之间就必定会有三六九等。在莱布尼茨看来，人类的灵魂是高级单子，因为里面蕴含的精神力量非常强大。但在我面前的一个苹果，虽然也是单子，但里面包含的精神力量非常微弱，所以这只能算是低级单子。同样的道理，我们的身体——作为一种物理对象——也包含了一种低级单子，与作为高级单子的我们的灵魂相互对峙。

有了上面的理论做基础，我们也就可以解释何为"预定和谐"了。

什么叫"预定和谐"？就是每个单子都预见到了与别的任何

单子相互协调、一起进入一个具体事态的可能性。在莱布尼茨看来,两个单子进入了一个事态后,二者之间便有了主、从之别:一者为主(积极者),另一者为从(消极者)。前者就能被视为原因,后者就能被视为结果。

如果把莱布尼茨的观点套到心灵因果性上,我们发现心灵因果性和一般的因果性并没有什么实质性的差别,因为莱布尼茨并不认为有纯粹意义上的物质(万物皆单子嘛),这样一来,心灵因果性问题好像就变得不是那么具有特殊性了。换言之,我的口渴感之所以能够引发我的身体去拿水杯,乃是因为我的灵魂已经预装了与我的身体相互协作的内部程序,以使得"口渴"与"喝水"能够一气呵成地完成。

有人会问:凭什么每一个单子都可以预装与别的任何单子进行互动的各种可能性呢?这信息量有多大啊?是谁将这些信息预装到了单子中去呢?

这个艰巨的任务当然就交给万能的上帝了(在这个问题上莱布尼茨与马勒伯朗士一样狡猾)。在莱布尼茨的哲学体系中,上帝也是一个单子。但是,上帝可是一切单子中最高级的超级单子,因为其内藏的精神力量是无可比拟的。

讲到这里,我不得不承认,马勒伯朗士和莱布尼茨的脑洞真的是太大了,他们的这两种理论别说是想出来,就是让我们看懂也不是特别容易。但是,他们观点的缺点也是非常明显的。也就是说,你要相信他们的理论是对的,你就得附带地相信上帝是存在的。但这样的理论显然很难说服无神论者。

不过,即使是对无神论者来说,他们的学说也是能带来一些启发的。

比如，在马勒伯朗士的理论中，我们其实可以得到如下启发：在有些情况之下，因和果之间的前后相续，背后可能是有第三个更深的原因的，所以，看问题不能光看表面现象，寻找真正原因的时候不妨多想几步。

而莱布尼茨带给我们的启发是：在进行因果分析的时候，我们还要重视事物潜在的倾向或秉性，因为恰恰是这些潜在的倾向或秉性，决定了其与别的事物组成事态的可能性空间。说得更具体一点，如果用莱布尼茨的思想去做人力资源管理，管理者就要把每个下属的心理倾向搞清楚，知道每个人所能够完成的任务的最大限度，然后，才能做到知人善任，而不会所托非人。

七 身心一体论：就连臭虫都有精神实体的光辉

前面提到了三位大哲学家是怎么处理心灵因果性问题的，一位是笛卡儿，一位是马勒伯朗士，一位是莱布尼茨。现在，大哲学家斯宾诺莎忍不住了，他也要对这个问题发表点意见。

读者可能已经注意到了，前文对于因果性的问题和对于实体本性的讨论，似乎是彼此高度相关的。比如，在笛卡儿的哲学里，正是因为有了关于心灵实体和物质实体二分的观点，才导致他很难稳妥地处理心灵因果性问题。至于莱布尼茨，他是给出了一种带有泛心论色彩的实体观点，即认为有一种叫"单子"的东西弥漫于世间。单子就是莱布尼茨意义上的实体。也正因为在莱布尼茨那里，物质对象实际上仍然是某种微弱意义上的单子，所以，身和心之间的关系，就被转换为精神实体和精神实体之间的关系。这便是莱布尼解决心灵因果性问题的方法。

与莱布尼茨类似，斯宾诺莎解决心灵因果性问题的思路，便是重新解释"实体"这个概念。

斯宾诺莎对"实体"的定义与别的哲学家有所不同。别人对于"实体"的定义通常是：它是承载了各种变化而自身不发生变化的那个基础。斯宾诺莎的想法则是："实体"是那个能够仅仅依赖自己而得到定义，并且成为它自己的东西。一句话，"实体"要"行走江湖"，就只靠自己，不靠爹妈，不靠朋友。

斯宾诺莎这样想是有他的道理的。如果某个东西要成为各种变化的基础（这是对于"实体"的传统定义所要求的），它就必须要自己站得住，不能依赖别人。所以由此就得出了他的实体定义。

按照这个定义，他立即发现了笛卡儿的问题：笛卡儿的心灵实体也只能通过对于外部物质实体的否定才能定义自身。从这个意义上说，其心灵实体就不是真实体；反过来说，笛卡儿的物质实体也只能通过对于心灵实体的否定才能够定义自身，因此，笛卡儿的物质实体也不是真实体。

既然两者都不是真实体，斯宾诺莎就来造一个真实体。它是这样的一个超级实体。它能够把身和心，或者说把物质和精神这两方面的特性全都包罗在其中。

既然身和心都包罗在这个超级实体里了，那么这个超级实体之外就什么都没有了。所以，这样的超级实体，就不需要别的对象作为一个支点来对它来进行定义了，因为它自己可以对自己进行定义。它自己的存在也不需要别的东西的存在来作为它的原因了，因为它的存在就是它自己的原因。为此，斯宾诺莎还非常得意地发明了一个词，就是"自因"。而这个超级实体，也就是上帝。因为只有上帝才配得上这样一个大名，把物质性的、精神性的东西都包括进去，在其之外什么都没有。

不过，斯宾诺莎虽然提到了"上帝"，其观点却和正统的基督教非常不同。正统的基督教虽然认为上帝是无限的，但仍然认为上帝与被造物（特别是物质世界）是有区别的。斯宾诺莎的观点却是：整个宇宙的物质性里面就有精神性，整个宇宙的精神性里面就有物质性，而整个宇宙本身就叫上帝。这意味着什么？这意味着，即使在一只臭虫里，我们也能找到作为精神实体的上帝的光辉！

斯宾诺莎的这个理论，可以被说成是"身心一体论"。在他看来，整个宇宙就是一个超级实体，而这个实体又有两个基本的属性：一个是物质性的；另外一个是精神性的。这样一来，身、心就是一体的了。这种观点似乎就非常轻松地把所谓的心灵因果难题给处理掉了。换言之，身、心本一体，何虑结姻缘？

斯宾诺莎的身心一体论的一个衍生性表达方式乃是这样的：一个人也好，一个社会组织也罢，其精神性会必然地转化为其在物质层面上的一些显现形式，而不会与其物质表现绝缘。现在我就告诉大家，如何在日常生活中妙用此原理。

举一个例子：你跑到一个公司去参观，并要搞清楚这个公司的价值观是什么。该怎么做调查呢？斯宾诺莎哲学就会告诉你，别光看他们嘴上说什么。一个公司的价值观，其实就弥漫在整个公司的物质存在当中。

比如，你得看看车间的劳动保护条件怎么样？在一些有污染的工作环境中，工人的防护用具是不是到位了？你若发现每一个环节都做得很到位，这就说明什么？这就说明了这家公司真正做到了"以人为本"，因为这一"以人为本"的精神已经体现在公司的具体物质保障上了。

反过来说，如果有一个公司，虽然管理层满口仁义道德，但公司提供给工人的工作环境却脏、乱、差，这就说明他们嘴上的价值观只是个掩饰罢了，而并不能够体现这个公司真正的精神内核。其真正的精神内核应当是什么？应当是"唯利是图"四个字。

这条原理也可以用于对于人品的判断。看一个人的精神本质是什么，不能光听其言辞，还要从其在物质世界中的行为来入手。不存在着与相关外部行为表现无关的内在的精神性。

斯宾诺莎的思想，处在向唯物主义的身心关系理论转化的门槛上。而下一个门槛则是"副现象主义"。

八 副现象主义：意识是不重要的"副产品"

要讲清楚什么叫"副现象主义"，首先得讲清楚什么叫"副现象"。我先来举个例子。

比如，我们在钱塘江旁边观潮，欣赏钱塘江在月光的照映下波光粼粼的美景。试问：我们所看到的波光粼粼的景象，会不会对潮汐系统本身产生什么影响呢？

显然不会。即使没有这些波光粼粼的景象，潮汐还是会发生。这样的一些现象，乃是在一个更大的关于潮汐运作的因果系统里面，以"副产品"的方式出现的。我们就称其为"副现象"。

讲到这里，大家或许就明白什么叫"副现象主义"了。套用到心灵因果性问题上，副现象主义指的就是：我们的诸多主观的心理感受与心灵活动，并不具有独立的因果效力；相反，它们是一个更庞大的因果系统（特别是关于人类的神经活动的因果系统）的附带性现象。

那么，为什么有人会提出副现象主义的观点呢？我相信相关的动机是很明显的：只要我们承认这个物质世界在因果上是封闭的——任何一个作为结果的物理事件出现之前，都有特定的物理原因导致它发生——我们就不能够承认任何心灵事件本身是具有独立因果效力的。而这就一定会导向副现象主义对于心灵事件的独立因果效力的否认。

但另一方面，大家又有一个直觉，即我们的心灵事件本身应该还是存在的。比如一只蚊子咬了我，我感到痒了——不管是怎样的神经活动引起了我痒的感受，我的确感到痒了。因此，我们就不得不在宇宙中为心灵事件安排一个位置，但这个位置又不能太惹眼，以免破坏了我们关于世界的因果封闭性假设。

副现象主义是一个可以使得我们兼得鱼与熊掌的好方案。一方面，它承认了心灵事件是存在的；另外一方面，它又使得我们不必去承认这些心灵活动是具有独立因果效力的。

很多人都不喜欢副现象主义。很多哲学家都批评说，如果副现象主义是正确的，那么难道我们所有的心灵活动就像钱塘江上那些波光粼粼的景象一样，都是一些无关紧要的事情吗？难道人类生活所有的情感和感受都是不重要的，重要的都是那些神经活动吗？所以，很多哲学家在直观上就不喜欢这种理论。

但我的观点是：不能因为一种理论在直观上让你觉得不爽，你就否定它。这显然不是一个非常有力的论证。

还有一个反对副现象主义的论证，是基于演化论的思想的。我认为这个论证有点意思。

首先，该论证预设演化论的下述观点是对的：我们人类身上的大多数器官之所以存在，都是被自然选择所决定的，以便使得我们适应外部的生存环境。

而我们都知道，人类大脑所消耗的能量在身体当中的比重是相当高的。那么人类的大脑被自然选择所选中，其背后的目的是什么？显然，是因为人类大脑越复杂，它就能产生越复杂的行为，使得我们的人体能够更好地适应环境中的各种挑战。

但是，如果副现象主义是对的，人脑的活动所产生的副现象——我们的主观意识活动，是不起任何独立的因果作用的，而这些"副产品"本身又相当丰富，那么自然选择过程为什么会偏好于携带着如此丰富的"副产品"的人类？如果这些"副产品"一点作用都没有，那么我们又该如何解释进化进程的"节俭性"呢？

看来，唯一合理的解释就是：副现象主义是错的，副现象主义者所说的"副产品"根本就不是"副产品"，它们的确有独立的因果效用。

如果大家尚且看不明白这个论证的话，我还可以打一个比方。比如，你若发现，某公司的盈利情况不错，便去调查该公司的运作。

调查以后你发现，这个公司养了一帮闲人，一直在打麻将、斗地主，但他们又拿了非常高的薪水。从表面上来看，这帮人就是公司的蛀虫，但非常奇怪的是，公司就是愿意花这么大的价钱养这么几个人。对于这一点，你该怎么解释？

现在你就不能够把这几个人解释为蛀虫了。这家公司愿意花这么大的价钱来养这几个人，可见这几个人可能真是有"独门绝技"，或者有特殊的社会关系，只不过他们没想让你这个外人知道其中的秘密罢了。

同样的道理，我们的意识活动虽貌似是"副产品"，但是它们也有一些真正的功用，否则，怎么能够解释我们的进化会造就如此强大的大脑，而这个大脑又会产生如此丰富的"副产品"呢？

不过，我仍然认为副现象主义至少具有局部的合理性。它至少指出了，物理学意义上的因果封闭性原则是需要被尊重的。

同时，与前文所讲的斯宾诺莎哲学也类似，这种哲学也非常强调精神和物质之间的联系机制。这个联系机制就是把精神产品看成是物质产品的附属物，即从物质的角度看精神，而不能倒过来，从精神的角度看物质。因此，这两种学说的立场都已经是某种准唯物主义立场了。

这一思路，在稍加引申后，可以指导我们合理地评价一个个体或者社会组织的伦理水平。

这里所说的"伦理"，可不能被解释为纯精神性的东西。所谓"伦理",并非是空对空的坐而论道,在相当多的场合下必须要兑现为物质的分配原则。试想:一个公道的人为何被说成是公道的?这就是因为当他在主持物资分配工作的时候,他的分配方案是公道的。脱离了所有的这些物质基础去讨论一个人的德性,其实就是在讨论水中月、镜中花。

从这个角度上来看,也许做一个唯物主义者,要比做一个唯心主义者更不太容易被世人欺骗。比较遗憾的是,虽然我们中学里面教的都是唯物主义,但是唯物主义的做事原则,并没有被我们贯彻到具体的生活中。其中一个最重要的表现就是:我们平时更注重别人说了些什么,而不是注重他做了些什么。

九 随附式物理主义:读心术可能存在吗

前几节主要讲了身心关系问题,也就是我们的物质身体和精神活动之间的关系问题。关于此问题,笛卡儿提出了一种实体二元论的解决方案,马勒伯朗士则提出了一种基于偶因论的修正方案,莱布尼茨则提出了一种基于预定和谐论的修正方案。

然后,我们又在斯宾诺莎那里看到了一种更有趣的修正方案,即把身和心说成是一个无所不在的巨型实体的两个不同的属性。依据此方案,所有的物质都是精神,而所有的精神都是物质。

斯宾诺莎的理论框架已经有了浓郁的唯物主义风味。有了斯宾诺莎的思想做过渡,我们就可以来谈一谈关于心灵的正统唯物主义理论了。顺便说一句,在学术领域里,为了能够让我们的讨论显得更加高大上一点，我们一般用"物理主义"（physicalism）这个词来取代"唯物主义"（materialism）。

在此我首先要说明一个问题："物理主义"中的"物理"是什么意思？

在哲学领域内，"物理"这个词有一个很宽泛的用法。它不仅是指物理学，也包括各种自然科学，比如说化学、生物学等。因此，"物理主义"认为，自然科学的描述对象构成了我们整个世界的基础，若抛却自然科学所描述的那些事情，别的任何事情都不是真正存在的。

但我们的精神活动明明是存在的啊？！

物理主义的回应是：我们并没说精神活动不存在，而是说，如果抛却了特定的神经活动的存在，精神活动就是不存在的。换言之，精神活动的存在，是依赖于特定的物质事件的存在的。

这种精神事件对于物质事件的依赖性，有一个专门的术语，叫"随附性"（supervenience）。意思是：有一些高阶层的属性，乃是依赖于低阶层的属性而存在的，如果低阶层的属性崩塌了，高阶层的属性也就不存在了。

那么，什么叫"高阶层的属性"和"低阶层的属性"？一般而言，所谓"高阶层的属性"就是比较宏观的事物所表现出来的属性（如经典牛顿力学所描述的现象），而"低阶层的属性"就是比较微观的事物所体现出来的属性（如微观物理学所描述的现象）。那么，当我们在讨论身体和心灵之间关系的时候，哪些事情是"高阶层"的，哪些事情是"低阶层"的呢？

这里的高阶层事件即"我看到了一朵花""这花看来好鲜

艳"这些能够被主观意识到的心灵事件；低阶层事件即"光线是如何刺激我的视网膜的""我的视觉皮层是怎么样来处理这些信息的"之类的无法被我主观意识到的神经科学与光学事件。

也就是说，站在随附式物理主义的立场上，所谓的灵魂活动都是高阶层事件，所谓的神经活动和背后的更深刻的那些物理学活动都是低阶层事件。

随附式物理主义认为，高阶层的事件是无法脱离低阶层的事件而存在的。比如，我现在若要想象房间里有一朵玫瑰花，这种心理活动要发生，就脱离不了我脑子中的千千万万个神经元的正常运作。同样，如果你观察到某种高阶层事件的性质改变了（譬如，某个健谈的朋友突然变得口吃了），那么，这就意味着与之相关的某种低阶层事件的性质已经发生改变了（比如，你的朋友的脑部可能已经发生了某些病变）。

再举个神经科学范围之外的例子。假设有一家公司，过去一直非常进取，不断推出新产品，但是最近几个季度表现得有点沉闷，也没有推出什么好的新产品。那么，到底是哪个环节出问题了？

很有可能出现了这样的情况：这个公司内部出了什么尚且未知的低阶层层次上的变化（譬如，某项生产原料突然断货了），并由此导致了其高阶层层次上的表现的种种不如意。具体原因你虽然不知道，但这样的思考至少给了你一个调查真实原因的探索方向。

讲完"随附性"以后，我还要介绍随附式物理主义有两个不同的版本：一个叫"个例物理主义"；一个叫"类型物理主义"。

那么,什么叫"个例"(token),什么叫"类型"(type)呢?假设有人在黑板上写了三个"曹操",这到底是写了一个符号,还是三个呢?就"个例"而言,是三个(因为明明有三个符号);就"类型"而言,就只有一个(因为三个符号是属于同一个类型的)。

我再来举一个心灵领域内的例子。比如,有人戳了我一下,我喊"疼",这时,我的疼痛感受到底是个例呢,还是类型呢?答案是:它首先是一个个例,但是,它也体现了"疼痛"这一类感受所从属的类型。

个例与类型的区分,给随附式物理主义的精密化表述提出了这样的难题:高阶层事件对于低阶层事件的依附关系,究竟是个例之间的依附关系(某个特定的心灵事件对于某个特定的神经活动之间的关系),还是类型之间的依附关系(某类心灵事件与某类心灵之间的关系)?

个例物理主义主张:所有的物理事件对于心灵事件的支持作用(心灵事件对于物理事件的随附性),是在个例的层面上发生的。类型物理主义主张:心灵事件对于物理事件的随附性,是在类型的层面上发生的。说得通俗一点,个例物理主义主张心灵事件与物理事件之间的配对关系本身也是特殊的;而类型物理主义则认为,我们可以通过"批处理"的方式来处理这两类事件之间的配对关系。

很多搞神经科学的人都比较倾向于类型物理主义,因为科学结论总是要得出一般的结论的。比如,"前额叶皮层的运作与复杂的思虑有关"就是一个科学上有用的结论,而仅仅说什么"曹操在官渡大战之际其前额叶的运作与他打败袁绍的战术思维有关",就太缺乏科学意义上的普遍性了。

有的哲学家,如戴维森(Donald Davidson),则热衷于推广与类型物理主义不同的个例物理主义。根据这种学说,具体的恐惧,如我的恐惧、张三的恐惧、李四的恐惧、麦克白的恐惧、我此时的恐惧、我彼时的恐惧,等等,每一次都有可能与不同的神经事件发生联系。换言之,虽然个例物理主义也承认恐惧是随附在神经事件上的,但是在他们看来,此恐惧与彼恐惧各自所随附的低层物理事件未必是一样的。主张这种学说的学者的理论动机,是想为个体的特殊性留下解释空间。譬如,如果事情真像类型物理主义者所说的那样,袁绍的战术思维与曹操的战术思维都随附于各自的前额叶皮层的运作的话,为何曹操还是比袁绍更有谋略呢?显然是因为曹操的前额叶运作的某些特殊细节不同于袁绍,使得曹孟德能够想出更好的计谋。

个例物理主义和类型物理主义的分歧,与我们的日常生活有什么关系?当然是有一定关联的:如果你站队类型物理主义的话,你就会相信读心术是可能的。

什么是"读心术"(brain-reading technology)?就是根据对于你的大脑活动的生理指标(脑电波啊,核磁共振成像啦,诸如此类的数据)来判断出你在想什么。此类技术的哲学基础是类型物理主义,即认为每一类语词与一类大脑活动的样态之间是有对应关系的。

但个例物理主义却不信这个邪。个例物理主义觉得,你即使能够监测我的大脑的所有活动，但特定神经活动和特定心灵活动之间的特定关系是很难被彻底规律化的，所以，可能也就不存在从大脑活动的类型到心灵活动的类型的一般破译规则。所以，读心术很难取得巨大成功。

多重可实现性：人工智能会感到疼吗？

上一节我们说了"类型物理主义"和"个例物理主义"这两种物理主义。前面已经说过了，一部分哲学家之所以同情个例物理主义，乃是因为这种立场能方便我们去说明特定人类个体的智力个性。此外，还有一个理由使得一部分哲学家喜欢个例物理主义，即此立场能够方便我们去说明"多重可实现性"（multiple realizability）这个哲学概念。

"多重可实现性"的含义：一个心灵功能可以以不同的方式，实现于不同类型的物理基质。比如，视觉器官的功能未必要以人类眼睛的构造来实现，它也可以通过某种别的方式（如昆虫的复眼的结构）来实现。这个想法对人工智能的启发很大，因为人工智能的实现载体并非是生物器官而是硅基的人造品，所以，人工智能对于人类智能的一般功能的实现就不能诉诸对于人类神经系统在分子层面上的模拟。唯一的办法，就是将人类智能的一般功能予以抽象描述，并使得其能够同时实现于人类大脑与硅基的人造电路板。乐观的研究者甚至认为，我们可以用这个办法让机器人感到疼，如果我们的确能够找到一种关于"疼"的足够抽象的类型化描述的话。

为何"多重可现实性"论题对类型物理主义构成了麻烦呢？这是因为，根据类型物理主义，心理类型与神经活动类型之间的关系乃是"一对一"的，而根据"多重可现实性"论题，二者之间的关系乃是"一对多"的。这显然就是一个矛盾。

那么，为何"多重可现实性"论题不会对个例物理主义构成麻烦呢？这是因为，个例物理主义的断言力很弱。换言之，无论心理类型与神经活动类型之间的关系是"一对一"还是"一对多"，单个的、特殊的心灵事件肯定是随附在单个的、特殊的物理事件之上的。这也就向我们揭示了哲学讨论中的一个诀窍：凡是断言内容更少的论题，出错的机会也就越少。大家只要想想领导说话为何总是那么模棱两可，就懂了。

在哲学中，几乎没有一个论题会没有对手。"多重可实现性"论题也不例外。有两个思想实验可用于进一步考察之。其中第一个思想实验对此论题不利，第二个则略为有利。

第一个思想实验是关于"孪生地球之水"的思想实验。该思想实验来自哲学家普特南，其内容是：我们可以设想有另外一个地球，叫"孪生地球"。孪生地球上有一种"水"，它只是看上去像是水，喝起来像是水，但实际上这个"水"的真实的化学结构不是H_2O，而是另外的一种东西，我们不妨叫它"XYZ"。

那么，这个XYZ是不是水？不少人的直观感受是：显然不是，因为我们判断"水"之为水的标准就是它的化学构成。

这也就是说，我们不能因为某事物的宏观性质，如无臭、无味等，来判断它到底是不是水。此时，关于该事物的微观结构的知识才是王道。这一判断也就等于否定了"多重可实现论题"的合理性，因为按照此论题，"水"的宏观性质应当是能够实现于不同的微观结构的。

第二个思想实验是关于"火星人之疼"的思想实验。该思想实验来自哲学家大卫·刘易斯。他设想，火星人的身体与我们地球人不同。这些人身上有很多水管，内藏压力阀。在火星人的压力阀调节到某种状态以后，他们就会哇哇乱叫，就好像地球人疼的样子。但是要注意的是，他们并没有人类的那种神经系统。

那么，当火星人哇哇乱叫的时候，他们是否真疼了呢？如果你认为答案是肯定的话，那么，你就等于承认了"疼"这样一个心理感受可以同时实现于两种物理机制——一种物理机制是我们地球上的神经机制，另外一种则是火星人身体内的水管阀门所代表的那种压力感应机制。

这里就冒出了一个问题：为何我们的直觉，会在孪生地球的水的例子里倾向于反对多重可实现论题，又在火星人的例子中倾向于赞成该论题呢？

这二者之间的不对称性，可以通过下述方式来得到说明："水"这个概念，虽然也是一个日常的概念，但是对于它的日常利用价值的兑现，将高度依赖于其微观结构。比如，真水是可以用来溶解食盐的，而伪水则否（你在炒菜的时候就会发现这一点）。所以，我们更倾向于在判断何为真水时诉诸科学标准所揭示的水的微观结构。与之相比，"疼痛"概念在日常生活中的使用，则很少有机会被兑现为对于其微观结构的考察（没有一个医生在听患者说疼的时候，就叫其做一个核磁共振成像，以检验其言之真伪。看过病的都知道，核磁共振检测不是轻易能做的）。所以，我们是能够容忍对于"疼痛"的描述的某种抽象性的，并因此忽略地球人的疼与火星人的疼之间在物理实现机制上的差异。同样的推理，也可以被外推到别的心灵状态上去，如"痒""饿""怀疑""相信"等。

讨论"多重可现实性论题"的明显用处，便是能够便于我们思考未来的人工智能体的"心理状态"该被如何设计出来。

前文已经提及，人工智能体的低层物理活动肯定和我们是不一样的。我们是碳基生命，它们则是硅基人工体。那么，如何在硅基人工体的基础上，开发出特定的"智能程序"，让由此被造就的机器人有欲望、能感到疼痛呢？这显然是一个脑洞很大的问题。不过，关于类似的问题的讨论，会使得我们进入人工智能哲学的领域。这篇文章，也仅仅是起到一个启发大家思维的作用，相关深入讨论，还有待后续的文章加以深化。

科学哲学与科学学习

复旦大学哲学学院教授、博士生导师、科学哲学与逻辑学系主任　◆　张志林

一　引言：科学哲学中的"科学"与"哲学"

现代形态的"科学"是什么样子的？借用爱因斯坦曾经的一个说法，就是在科学方法论层面上，有两种工具不可缺少，数学和实验。或者说，数学所代表的逻辑推理和实验所代表的经验研究，两者进行系统性的结合。我们在学校里所学的物理学、化学、天文学等学科，都是满足这一标准的现代科学。

在历史上，是"科学革命"促成了现代科学的产生。那场伟大的科学革命发生于十六到十七世纪，通常认为它从哥白尼提出"日心说"开始，以牛顿的《自然哲学的数学原理》发表作为结束。如刚才所说，正是在这一场科学革命中，人们开始把数学和实验结合起来，最终造就了现代科学。也就是说，在此之前，即便有数学的应用，也有实验的应用，但是二者并没有得到系统的结合。

人们为什么会想到把数学和实验这两种方法结合起来呢？按照爱因斯坦的观点，这件事情真正开始要从伽利略算起。伽利

略是所谓"哥白尼革命"的坚定捍卫者,或者说,对于用"日心说"取代"地心说"的革命,伽利略功不可没。也正是伽利略,把数学与实验系统地结合了起来。当今,人们在小学或中学阶段就已经接触过课堂上演示的实验,在做物理、化学等科目的习题时,也需要用数学原则和方法处理来自实验的数据,表述、说明实验中的关系,等等。

这些要点提示,在那场科学革命中产生了一种看待世界的新方式。用伽利略的话讲,上帝给我们写了两本书,一本叫《圣经》,一本叫《自然》;《圣经》这本书是用启示性的语言写成的,而《自然》这本书则是用数学语言写成的。当时,那场科学革命的发生和巩固,有强大的宗教背景作为动机。也就是说,哥白尼、开普勒、伽利略、笛卡儿、牛顿等科学革命的发起者和推动者,都认为自己的一项重要任务是要理解上帝创世之谜。他们认为,要做到这一点,除了研读《圣经》之外,还有一条途径,就是研究自然。

凭借数学与实验相结合的方法,去探究自然中蕴藏的秘密,就强化了人们对"定律""规律"等概念的认识。现在,每当我们打开物理学的教科书,就能看到许多定律,比如说,伽利略的自由落体定律、牛顿的三大运动定律和万有引力定律等。我们先前说到,科学要将数学的精确表达与实验的严密结果结合起来。所谓实验,就是要排除无关的因素,考察研究对象之间真正相关的关系,并通过严格的、系统化的操作,揭示出这种相关关系,而其典型结果就是规律或定律,而规律或定律的表达通常是以数学方式进行的。在那场科学革命中,这就涉及看待世界的方式的转变。或者，用哲学的方式来说，就是自然观、世界观发生了根本性的变化，相应地也有科学研究方法的根本变化和一系列发展，最终导致现代科学的产生和巩固并一直迅猛发展。

几百年来，全世界公认现代科学取得了巨大的成功。这不仅是说现代科学的理论研究获得了成功，而且也指科学还带来了一系列的进步，比如说，经济的进步和技术的进步。几次工业革命的源头，实际上都来自科学革命所塑造的现代科学的推动。科学获得如此重大的成功这件事情十分令人鼓舞，同时也值得好好地研究。换句话说，科学何以能够获得这般巨大的成功，这是一个需要解释的重要历史事件。

对于这个事件所导致形成的现代科学，人们可以从不同的角度去研究。以科学为主题，我们可以从哲学、历史、社会学等方面进行研究。其中，从哲学的角度对科学展开研究，就形成了"科学哲学"这门现代的哲学学科。"科学哲学"这一名称涉及两个关键词，它将"科学"作为对象，从"哲学"的角度去进行研究，或者说，它是"关于科学的哲学"。因此，其英文表达是"Philosophy of Science"，这个"of"，近似于"about"或者"on"，是"关于"的意思。也就是说，对科学哲学来说，科学是其研究的对象，哲学是其研究的进路。

关于"科学哲学"中的"科学"和"哲学"，我们还可以再给出一些阐明。试问：如果要把科学作为对象，从哲学的角度进行研究，那么哲学家心目中的科学会是怎样的形象？

从第一个角度来说，科学所取得的巨大成功和丰硕成果都表明，我们的科学知识（包括一系列的概念、假说、定律、理论、规则等），是科学家应用科学的方法进行探索所取得的成果。从完成的形态来说，按照标准的哲学讲法，这种知识是由一系列为真的命题所构成的理论体系。其实，一个数学方程，翻译成日常语言，就是一句为真的话，我们可以将它表述的内容称为命题。而理论则是一系列为真的命题，按照逻辑规则构成的系统的整体。因而，哲学看待科学的第一个重要的角度，就是把科学知识（成果）作为研究对象，这时所说的"科学"，就等同于一系列为真的命题所构成的有序集合。

如果读者翻看科学哲学的教材，就会看到这样一些研究主题：什么是科学？什么是科学的理论？什么是科学的定律？怎样利用科学理论或科学定律进行科学的解释？怎样进行科学的预测？科学的理论、定律或命题与我们的经验或实验所得出的证据之间，具有怎样的关系？如何用观察、实验和经验所取得的证据，去支持我们提出的假说或理论，抑或是反驳我们不喜欢的假说或理论？这些提问牵涉到假说、理论、定律、命题、解释、预测、证据、知识、确证、反驳等一系列概念，它们全都是科学哲学中用以表达研究主题的核心概念。以上所说的，就是科学哲学的第一个研究角度，通常也被称作科学哲学的"逻辑进路"。

从第二个研究角度来看，我们还要回答科学成果从何而来的问题。我们可以说，科学成果是利用科学的概念和方法得来的。这并没有错。可是，科学家是如何利用科学方法去获得这些成果的？这些成果是如何得到科学家们认可的？又是通过什么样的社会程序，最终成为社会中被广为接受的公共知识的？为了回答诸如此类的问题，就需要研究具体的科学研究活动。这样一来，作为科学研究活动的"科学实践",就自然而然地成了科学哲学的研究对象。

从科学实践的角度研究科学活动,就会涉及"科学家共同体"。即使一个人进行研究,也须将其研究成果公开发表出来,经过其他科学家的检测、讨论、评价、接受和认可,才能成为我们所说的科学知识。从这样一个角度说,"科学"就是科学家共同体的实践活动所构成的整体。

简单地总结一下,科学哲学可以从两个角度将科学作为研究对象:一个角度是将科学看作一系列为真的命题所构成的集合;另一个角度,则是将科学看作科学家团体所从事的研究活动构成的整体。不管是将科学看作命题的集合,还是活动的整体,或者说,看作科学知识研究还是科学活动研究,科学哲学之为科学哲学,其关键就是要从哲学的角度进行研究。

那么,"科学哲学"中的"哲学"意指什么呢?大家大概都知道,哲学的源头在古希腊,其原初的含义是"爱智慧"。为什么哲学是"爱智慧",或者说是"追求智慧",是"智慧之友",而不能叫作"拥有智慧"呢?借用著名哲学家雅斯贝尔斯的话来说,公元前800年—公元前200年(尤其是公元前600年—公元前300年)为人类文明的"轴心时代","人类的精神基础同时或独立地在中国、印度、波斯、巴勒斯坦和古希腊开始得以奠定"。有趣的是,虽然受制于历史条件,几大人类文明区有千山万水相隔,彼此没有交流,但它们却几乎同时关心起一个重要的问题——人是什么。所以,如雅斯贝尔斯所说,这个轴心时代的关键特征就是"人的觉醒",或者说是"终极关怀的觉醒"。

这里所呈现出来的重大哲学问题，幽默地看，就如近年来大家有时开玩笑所说的保安习惯性提出的三个问题：你是谁？你从哪里来？你要到哪里去？

如果非常简单地在西方和中国之间做一个比较，我们会发现，中国人常说人是"堂堂男子汉，立于天地间"。上有天，下有地，人在中间，所以人被叫作"中才"，故而也有"天地人和""天人合一"等说法。把这些看法和古希腊文化做比较，就会发现，古希腊文化中除了"天""地""人"三个维度之外，还有另一个维度："神"。按照古希腊文化，上有天，下有地，人与天地和其他动物的区别在于人是"理性的存在者"，要过集体的、社会的生活。因而，西方人常说，人是有理性的动物，人是社会性动物，人有表达思想的语言，等等。

为什么人会有这些东西？为什么人拥有思想？这是因为，人不仅和动物一样拥有身体，而且更重要的是，人还拥有区别于动物的"灵魂"。灵魂来自哪里？按照古希腊人的说法，灵魂就是与动物根本区别开来，进而与刚才提到的比中国文化多出来的那个维度——神——相接近的东西。人和神的区别何在？神是不死的，而人终归是要死的。但是，人不同于动物，人向往神所拥有的生活。在古希腊强大的神话和宗教传统中，人们认为唯有神才拥有智慧，而人却只能向往智慧，只能爱智慧。于是，"爱智慧"就成了标志着人具有独特性的表达，同时也成了"哲学"的名号。这里的"爱"暗含激情、冲动之意，它提示人拥有一种求知的、求真的、追求真善美的本性。这种富于激情的追求有一个重要的特点，那就是关注事物和事情最基本的层面、最具基础性

或终极性的根据，也就像前面开玩笑式地提到的"保安三问"所显示的那样，要追问人之为人的根基何在。而"哲学"就是要关注那些最基本的问题。

至于科学哲学，就如哲学关注一切人类活动最基本的问题一样，旨在探究有关科学的最基本的问题。对科学而言，最基本的哲学问题至少可以被归结为以下三个：科学的本质是什么？科学的方法是什么？科学的目的是什么？同时，隐含在其中的三者间的相互关系，也是十分重要的问题。不只如此，哲学可以分成不同的分支，对应不同的研究途径。比如说，我们可以从本体论、认识论、伦理学、逻辑学等不同的角度，分别切入科学的本质、方法和目的及其关联等议题的研究。

二 科学、哲学与科学方法论

在说完"引言"之后，我们将借助《斯坦福哲学百科》（*Stanford Encyclopedias of Philosophy*）中的"科学方法"（Scientific Method）这一词条的部分内容，就科学、哲学和科学方法论之间的关系，展开更具体的讨论。首先，请阅读文本：

> 科学是一项极其成功的人类事业。
> 对科学方法的研究是试图辨别那些导致［科学］成功的活动。
> 通常被看作具有科学特征的活动，包括系统的观察和实验、归纳和演绎的推理，以及假说和理论的形成与检验。

前文提到，现代科学获得了巨大的成功。为什么科学能够成为一个获得了如此成功的事业呢？对此，一种解释是成功的背后一定有一套"科学方法"。在这种思路中，科学方法与科学成功的历史紧密相关。科学家利用科学方法展开科学活动，而这种科学方法，是使得科学活动取得成功的关键。研究科学方法的一种方式，就是尝试分辨、识别、寻找导致科学成功的那些方法。

什么叫作"科学方法"呢？第一，科学方法是可以操作的，而不管是思想上的操作，还是动手操作，都需要具有可供人们学习和实践的操作方式，使其操作者可以达到特定目的。而且，它得是科学的方法，而不是别的方法。举例来说，我们一般会认为，科学家都热爱自然，他们或许会抬头仰望星空。可是，伟大的诗人也会仰望星空，李白的《静夜思》就表达了仰望星空的意境。可以说，当科学家和诗人同时仰望星空，都想要说出他们关于大自然奥秘的所思所感时，使他们得出截然不同的"成果"的关键区别，就在于他们采用了不同的"方法"。

因此，我们要做的一件事情，就是识别出那些使得科学成为科学之重要依据的方法所具有的典型特征。让我们尝试提问：什么是科学？或者说，究竟是什么将科学与其他事物区分开来了？这个问题可以从多种角度来看，其中最具关键性的就是从方法的角度切入。如前所说，现代科学方法的基本特征，简单地说，就是"将数学和实验系统地结合起来"，它当然可被进一步细化为一系列可操作的程序。比如说，借助系统性的观察和实验取得经验证据，据此通过归纳的和演绎的逻辑推理，形成可用数学方程表达的定律或理论，并对这些定律或理论进行检验、评价和选择，进而依据这些得到检验的定律或理论从事解释、预测，等等。

由此可见，无论是科学成功的原因，还是科学与其他学科的区别，都与科学方法有着重要的联系。因此，我们可以借助接下来的文本，针对科学方法进行更细致的讨论。请再参看从《斯坦福哲学百科》中截取的几个片段：

> 科学方法应区别于科学的目的和成果（如知识、预测或控制）。方法是实现这些目的的手段。
>
> 科学方法也应区别于元方法论，元方法论包括科学方法（即方法论）独具特征背后的价值和辩护——如客观性、可重复性、简单性或过去的成功之类的价值。
>
> 方法论规则被设定为用来支配方法，而遵循这些规则的方法是否满足给定的价值，乃是一个元方法论问题。
>
> 最后，[科学]方法在某种程度上不同于实施方法——详细的、具体的实践活动。后者可能包括：特定的实验室技术；用于描述和推理的数学形式化或其他专门语言；技术或其他物质手段；与其他科学家或公众交流和分享结果的方式；或者规约、惯例、强制性的习俗，对科学如何进行制度控制，以及控制什么。

如这里所说，科学方法首先应该与科学的目的和成果区分开来。从成果的角度来讲，科学当然要获取知识。而其目的，或是为了准确地预测未来将要发生的事件，就像我们的天气预报、地震预测之类；或是为了控制自然，比如兴建水利工程、利用核能发电等。前面已经提到，科学取得巨大成功的一个表现，就在于科学的丰硕成果，而科学方法则是取得这些成果的最佳途径。

第二，科学方法还要与"元方法论"（meta-methodology）区别开来。所谓方法论，就是研究方法的理论，而加上前缀"元"（meta-）就意味着，这门学问将方法论作为研究对象。它所关注的问题，主要是我们对各种不同方法（比如观察、实验、推理、检验、解释等）的评价是否合理，这些方法是否能构成科学方法所需满足的条件，诸如此类。因此，元方法论是比方法论更高一阶的学问。

在类似的意义上，对于数学而言，也有"元数学"的讨论，它关心数学的基础是什么，数学合理性从何而来。而"物理学"加上前缀"meta-"，就被称作"元物理学"〔其实这也就是"形而上学"（metaphysics）的词源〕，它关心的同样是物理学的基础问题。

具体而言，元方法论包括哪些研究内容呢？它包括一系列评价科学方法的指标，比如价值（value）和辩护（justification），其中，价值用于评判科学方法的好坏，对科学方法是否合理做出分析和辩护。如上述文本中所举的例子：科学方法是否具有客观性，是否有可重复性（也可以叫再生性）以不断产出成果，是否具有简单性，是否能说明科学过去取得的成功，等等，这些都是评价科学方法的标准。

笼统地讲，科学方法论所关心的内容，主要在于什么是科学方法、有哪些科学方法、怎样运用这些方法；而评价这些科学方法的合理性，就属于元方法论的任务，它告诉我们如何更好地选择和使用科学方法。因此，有必要将我们关于科学的方法论思考与元方法论区分开。

第三，科学方法也要与方法论的规则相区别。比如说，当我们初次进入实验室的时候，指导实验的老师会告诉我们一系列具体的规则，比如说，操作要准确，记录要仔细，不可伪造数据，等等。提出规则，是为了让操作者正确地利用科学方法。正如上述文本所引第三段文字所说，确立科学方法论规则，是为了支配、统领、控制我们对科学方法的应用。这时，如果追问，符合一些同样规则的方法，是否都能满足上文提到的评价标准，这就回到了元方法论的问题。

第四，也是最后一点，科学方法还需要与更具体的技术区分开，也就是与那些细致的、情景化的科学实践操作区分开。举例来说，物理学的实验技巧、化学的分析技巧、数学的形式化计算、逻辑推理专用的符号语言等具体操作方法，皆属此类。而且，科学研究中包含的约定、习惯、强制性的习俗等，也都包含其中。

至此，我们明确了科学方法的主要特征，以及它与元方法论、科学的成果和目的、具体技术操作的区别。这样，便能理解那些使得科学成为"科学"的"方法"具体指的是什么了。现在，我们可以提问："划界问题"[①]与"科学本质—科学方法—科学目的"之间的关系是什么？我们已经知道：诉诸科学方法，是

[①] 所谓"划界问题"，就是追问凭借什么标准可以将科学与其他活动相区别。

回答这个问题的一条重要进路。在了解何谓科学方法之后，我们就可以从科学方法论的角度，分别来讨论"科学哲学"和"科学教育"这两个主题了。

三 从科学方法论看科学哲学

如前面说到，我们可以从不同的角度切入，来讨论科学哲学。比如，我们可以侧重于从科学知识成果的角度切入，也可以致力于挖掘科学家共同体从事的研究活动所遵循的机制。其中，一条简洁的思路是：既然科学之所以能够区别于其他形态的研究活动，其关键之一在于科学方法，那么我们当然就可以从科学方法论的角度，对科学哲学的核心内容和历史脉络进行梳理。

科学哲学家费茨尔所采取的正是这种思路。他认为，对于现代科学规范性标准的解读，不管在历史上曾经衍生出多少学派，都可以从科学方法论的角度出发，分为三派。请看费茨尔在《科学哲学》一书中给出的分类[①]：

[①] cf., J. H. Fetzer, 1993, *Philosophy of Science*, New York: Paragon House, p.169.

科学方法论

归纳—确证方法论	演绎—否证方法论	溯因—解释方法论
观察 （Observation）	猜想 （Conjecture）	疑难 （Puzzlement）
分类 （Classification）	衍推 （Derivation）	沉思 （Speculation）
概括 （Generalization）	实验 （Experimentation）	调适 （Adaptation）
预测 （Predication）	消错 （Elimination）	解释 （Explanation）

在费茨尔的原文中，第一排的三个名称，本来是科学哲学中三个标准的学派的名称：第一个是科学哲学中的"归纳主义"（Inductivism）学派；第二个是"证伪主义"（Falsificationism）学派，也可以叫作"演绎主义"（Deductivism）学派；第三个，费茨尔称之为"溯因主义"（Abductionism）学派，实际上主要是"历史主义"（Historicism）学派。为了凸显"科学方法论"的角度，在此我将其分别改写为"归纳—确证方法论""演绎—否证方法论"和"溯因—解释方法论"。

这样一个"三分天下"的科学方法论图景，可以展示出科学哲学的整体面貌和历史脉络。按照这个图表给出的线索，足可将"科学哲学"这门课程讲上半年、一年，甚至两年。受限于篇幅，我们无法在此详尽展开。总之，上述解说为科学哲学提供了一幅整体图景，希望这幅图景有助于同学们思考科学哲学与科学方法论的关系，进而引向我们所关心的"科学教育"问题。

由上述三组程序所代表的科学方法，可以联系到先前提到的对科学方法最简单的提示——系统化的数学推理与观察实验的结合，借此可形成科学假说或科学理论。以第一列"归纳—确证方法论"的操作程序来说。首先，第一步是观察程序。接着，对观察所得出的结果进行分类。分类完成后，人们也许会问：为什么要将事物如此分类呢？可能是因为那些来自观察、实验的结果遵循着共同的标准，或者服从相同的规律。这时就需要概括程序的帮助了，借此以求从上述分类中总结出某些规律。随后，在概括所得规律的基础上，进一步进行演绎推理（可以借助数学论证来进行），最终得出的假说或理论就可以对尚未发生但符合同样规律的事件进行预测。

我们可以用一个简单的例子来阐明上面提到的几类方法程序。这个例子出自著名科学哲学家卡尔·波普尔，他讨论的是这样一个简单的判断："天鹅都是白色的。"按照归纳—确证方法论的要求，为了科学地得出这一判断，人们首先要观察天鹅羽毛的颜色。而要构成科学的观察，仅仅观察几只天鹅是不够的。首先，观察的数量必须足够大；其次，观察的类型必须足够多。这一点很容易理解，例如，如果我们看到复旦校园内的所有天鹅都是白色的，随即便概括得出"所有天鹅都是白色的"结论，别人就很容易质疑："不对，只有复旦的天鹅全是白色的，北大的天鹅可能就不是白色的。"即使我们把全中国的天鹅都观察一遍，别人也可以说中国以外的地方可能不是如此。当我们观察了所有地区、各个季节的全部天鹅之后，才有底气说，所有天鹅都是白色的。概括出这条规律以后，我们就可以对尚未看到过的天鹅羽毛的颜色进行预测了。即便我们不做实地观察，但只要某地出现了一只天鹅，我们就会知道它的羽毛很可能是白色的。

演绎—否证方法论是针对归纳—确证方法论的缺陷而提出的。演绎—否证方法论的支持者，将科学研究的第一个方法程序定为"猜想"而非"观察"，这表明他们一定是发现了将观察程序作为科学研究的起点存在某些问题。什么问题呢？

其实，主张科学研究始于"观察"的观点预设了两个重要的立场。第一个预设立场是：观察不受主观因素的影响，因而具有客观性；观察不受理论因素的影响，因而具有中立性。正因如此，在我们学习做实验时，老师才会提出一系列客观的要求。实际上，主张将观察作为科学研究的起点，其根据正是在于这种观点认为观察具有客观性和中立性。

这里的关键在于，归纳—确证方法论的支持者认为，科学知识来源于经验，而观察方法的宗旨正是发现经验现象，获取经验知识。因此，观察必定在认识论上具有基础性的作用。当然，这里的前提是承认"观察的客观性"真正能够达成。那么，怎样才算真正达成了"观察的客观性"呢？也许，如果我们同时去看某个东西，我看到的是如此这般，你看到的也一定是如此这般。可事实真是如此吗？现在请看：把我的手掌投影到屏幕上，映出一个小动物的影子。我再配上某种动物的叫声，请问各位观察到了什么？这是一条狗？是像小狗的影子，还是我的一只手？这与心理学中著名的"鸭兔图"所要表达的观点相一致：人们去看的东西是相同的，但是每个人最后究竟看到的是什么，却会与观看者头脑中藏着的大量背景性的"理论知识"相关。回答"这是一条狗"的人，一定预先理解"狗"的概念，知道狗是什么样子。再比如说，如果一辆汽车开进一个未开化的古村，村民可能会问："这个东西怎么吃草呢？"村民之所以会这么问，是因为他没有掌握关于汽车的背景知识。

简单地说，科学哲学中，对广义的"理论因素"进行的这种批判性反思，产生了一个著名的论题——"观察的理论负荷"。就是说，观察的背上总是负载着"理论因素"，所以被叫作"观察负载着理论"，或者叫作"观察渗透着理论"。这一论题表明，归纳—确证方法论所预设的那种观察的认知基础性或优先性，实际上是行不通的。可是，观察不是很客观吗？而且我们很多的科学研究活动不都是从观察开始的吗？

打个比方来说，我们想要研究的问题是：复旦大学的樱花与武汉大学的樱花有什么区别？于是，我们当然要去观察樱花。可是，为什么只观察樱花，而不是其他的花呢？为什么是观察樱花的形状、大小、颜色，而不是观察"樱花"这两个汉字的结构呢？又比如说，在实验室里，老师要求学生客观地记录下"所有的数据"。但是，我们做实验时的心理状况需不需要记录？血压数据需不需要记录？身高体重呢？显然，我们不需要观察樱花以外的东西，也不需要记录我身体的状况，因为它们与科学学习和科学研究的宗旨无关。前面所说老师要求学生记录下实验中"所有的数据"，实际上说的是"所有相关的数据"。而哪些因素有关，哪些因素无关，取决于你选择要去学习和研究的是什么问题。或者说，有广义的"理论因素"决定了你从何种角度去学习和研究，或者说决定了观察对相关变量的选择。

观察大量的、高质量的对象，进而概括出某些具有普遍性的规律，这种推理方法，就是我们所说的"归纳推理"。而归纳—确证方法论的第二个重要预设立场就是：从分类过渡到概括所采用的归纳程序，被假定具有客观的有效性。同样可以用天鹅的例子来说：如果我们观察过一万只、十万只、百万只天鹅，而且发现它们的羽毛都是白色的，那么遵循归纳—确证方法论的规则，我们就可以断定"所有的天鹅都是白色的"，因为我们确信这种归纳足够客观有效。

然而，人们以往曾在澳大利亚发现过一种与天鹅极其相似的鸟类，它们的羽毛是灰色的。当人们确认它们就是天鹅之后，"所有天鹅都是白色的"这个结论就出错了。这是归纳推理的一个重要特征：不管得到多少正面的例子的支持，由此归纳得出的全称概括却至多表达的是它"很可能为真"，而不能说它"一定为真"；反过来说，当我们仅仅发现了一个反例，就可以肯定地说，这个全称概括是错的。

如上所说，因为观察受到了理论的渗透，所以它可能会失去客观性；从分类到概括所采用的归纳程序，同样也被证明不具有客观必然性。为了克服这两个缺点，科学哲学家提出了第二种方案：演绎—否证方法论。

第一个问题：演绎—否证方法论中的"猜想"是什么？它就是针对特定的问题，尝试猜测性地提出来的假说或理论。因此，演绎—否证方法论主张科学研究是从特定问题开始的。拿刚才提到的例子来说，复旦的樱花和武大的樱花有什么区别？假如我们发现有一个区别，就是复旦的樱花开得更加"妖艳"，而武大的樱花看起来有点"五大三粗"。这时我们就可以问：为什么有这样的区别？接下来，我们开始猜想，比如说，这种区别可能是天气原因造成的。比如说，上海的天气有点"妖娆"，武汉的气候更加"彪悍"……这正是我们所说的，针对某个问题进行猜想。看起来，主张以"猜想"作为科学研究的起点，就可以避免那种以"观察"作为科学研究起点的观点所遇到的困难。

"猜想"同样会得出全称概括，但不是通过归纳的方式得出的，而是原则上可以"随便猜"。比如说，我们猜想，就是气候特点不同导致了复旦樱花与武大樱花形态上的差异。因此，我们可以进一步做出概括：凡是与上海的气候相同的地方，樱花都会开得比较"妖艳"；所有气候与武汉东湖沿岸相近的地方，樱花都会开得"彪悍"。

在此基础上，我们可以开始第二个程序——衍推。比方说，在新西兰发现了一批樱花，但我们无须前往考察，就可以根据前面得出的概括衍推出如下结论：凡是与上海和武汉的气候相近的地方，樱花也会开成对应的模样。接着，我们就需要进行实验了。但是，这实验并不需要去新西兰做，而只需建造一个实验室来模拟上海或武汉的气候，就可以检验那个由概括衍推出的结论。如果实验发现，衍推出的结论是错误的，我们就应该进行"消错"，将错误的结论排除掉。

需注意，归纳—确证方法论与演绎—否证方法论的一个重大区别在于"确证"和"否证"的差异。前者要求一个概括须得到大量正面实例的支持，而无论是数量上的要求，还是类型上的要求，都是为了从正面支持由概括衍推出的结论，所以它叫作"确证"方法。而后者要通过实验，对由概括衍推出的结论进行检验，要求那个概括必须具有在某种情况下可能遇到反例、可能出错的"可否证性"。而一旦反例出现，并据此认定概括是错的，我们就应将其消除。在极端情况下，我们需要抛弃原来的猜想。而如果猜想所得假说或理论，在其接受的检验中总是不出错，或者说能很好地抵抗、消化反例，我们就说这是一个好的猜想。

这种有关"可否证性"的思想，表明了演绎—否证方法论与经验的关联性。也就是说，"可否证性"就是猜想所得的概括性的假说或理论具有被经验证据反驳的可能性。前面说到，科学是数学与实验的结合，这就表明，科学与我们的世界在经验上相关，而可否证性就能够保证这一点。并且，可否证的程度越高、越精确、越普遍，这种保证的效力也就越强。

为了说明"确证"何其容易，"否证"如何之难，让我们举一个有趣的例子。设想有四个同学次日要参加高考，前一晚，他们想放松心情，相约去校园外某地散步。正当四位同学走出校门时，他们看见了一位算命先生，于是想让这位算命先生预测一下他们明天的考试成绩。算命先生一番摆弄后，亮出了一根手指。同学们问这是什么意思，算命先生含笑说道："此时不可泄露天机，来日方可知晓答案。"现在让我们来分析一下那根手指的秘密吧。设想四位同学考试结果出现的所有可能性，以及那根手指可以给出的解释：如果一人考中，则那根手指意味着有一人将考中；如果两人考中，则那根手指意味着有一半的人将考中；如果三人考中，则那根手指意味着有一人将不会考中；如果四人考中，则那根手指意味着同学们都将考中；如果没人考中，则那根手指意味着同学们一起都不会考中。瞧，一根手指打遍天下，无论出现什么情况，它都可以给出解释。换句话说，用那根手指给出的解释，在任何时候都不可能出错，都不可能遇到反例，因而都不会被否证。

请同学们想一想，这种"放之四海而皆准"的"全能解释"，能为我们提供实质性的信息吗？对于四位同学十分关心的高考结果，算命先生的解释等于什么也没说！看起来，他的解释似乎很容易被确证，但绝不可能被否证。如果算命先生想要说出一些实质性的内容，他的解释就必须满足"可否证性"的要求。也就是说，至少可以设想，在一种情况之下，他的解释有可能出错，有可能遇到反例，这就提示了"可否证性"这一概念的基本含义。同时，这里也提示了"可否证性"对概念精确性和普遍性的要求。

接下来，我们考虑演绎—否证方法论所面临的困难。从逻辑上讲，从单个的理论陈述无法推出经验陈述，因为一个理论陈述必须结合一系列背景知识，才能推出经验陈述。比如说，在科学实验中，我们想要通过实验的数据得出结论，就必须考虑实验的操作规则所遵循的理论，以及设计实验仪器和实验操作所依据的理论。因此，当某一个理论遇到一个经验陈述所表达的反例时，并不一定就是这个理论出错了，而很可能是与这个理论一同推出结论的背景知识发生了错误，比如实验操作错误或实验设计有缺陷，等等。

设想你在做一个科学实验，当实验结果出错时，你的第一反应是怀疑自己想要验证的理论，还是怀疑自己的实验操作有误？

绝大多数人一定是首先怀疑自己的操作出了问题，或者是怀疑实验材料用错了。至少，人们的第一反应不可能是去怀疑理论有误。可是，按照演绎—否证方法论，只需一个反例就足以反驳一个理论，进而还要求我们放弃那个理论。因此，演绎—否证方法论将面临两个困难。一个困难是，从逻辑角度说，一个反例并不能彻底推翻一个理论及其相关的背景知识。另一个困难是，从科学史角度看，科学家在从事研究时会遭遇大量的反例，这是一种十分常见的状态。如果一遇到反例就要求抛弃一个理论，科学就不可能有今天的成就，甚至都无法进行科学研究。事实上，科学家在做实验时，也和我们一样，即便遇到出现的反例，他们也会首先怀疑背景知识中的某些部分，而不会轻易怀疑自己的理论。因此，有人风趣地说，在演绎—否证方法论面前，实践中的科学家表现得好似"脸皮有些厚"。他们时常会说：对那个理论来说，这个不算什么反例，很可能是实验操作、仪器或材料有问题。

克服上面所说的两个困难，就是溯因—解释方法论想要完成的任务之一。第一步，与演绎—否证方法论类似，我们会先找出"疑难问题"。为了解决问题，首先需要进行与猜想类似的"沉思"。随后，我们要进行"调适"。打个比方说，在澳洲发现灰天鹅时，我们并不是要急于寻找例子来确证或否证一个理论，而是去调整理论，以使它能够解释新的问题。举例来说，我们经过调整得出"所有天鹅（澳大利亚的除外）都是白色的"。大家可能立即会感觉到这个修改过于讨巧吧。是的，这种感觉是对的。类似这样的修改，我们通常称为"特设的"修改，它所做的事情就是针对一个特定的问题，对一个理论做些修改、补充、说明，唯一目的就是要保证那个理论看起来不会在这个问题上出错。

可以看到，溯因—解释方法论的最大特点之一，在于当一个理论遭遇反例时，它不要求科学家立刻抛弃理论，而是鼓励修复理论，但禁止做出特设性修改。就如面对灰天鹅时，遵照溯因—解释方法论，我们可以开拓出许多新的问题和新的研究途径。比如说，可以这样提问：灰天鹅的毛色是否产生于某种疾病？或者，是因为长期处于某些特殊环境条件下，经过自然进化而形成的？而这就是对反例进行"解释"的过程，它指出在反例所处的情况下，有哪些特殊的条件导致了反例的出现，并可以说，在正常情况下，原来的理论依旧适用。

并且，即便不是所有天鹅都是白色的，也可以说，天鹅的羽毛颜色并不是天鹅的"本质特征"，而真正决定天鹅之为天鹅的，是它的内部生理结构或基因等因素。这样，即便有灰天鹅的出现，也不会干扰天鹅的分类理论。就像水一样，我们说"水是无色无味的液体"，但长江、黄河里的液体不是水吗？它们当然是水，因为水的本质特征是其分子结构H_2O，发现浑浊的水并不妨碍我们说纯粹的水是无色无味的液体。

四 从科学方法论看科学教育

我们从"科学教育"（science education）的名称可以领会，其宗旨是传播科学知识，培育科学精神。可将科学教育的基本立场归结为两个要点：第一，科学教育是一门自由教育（liberal education）；第二，科学方法是科学教育的核心内容。

顺便说说，英文"liberal arts"（自由技艺）来自拉丁文"*ars liberalis*"，其中"*ars*"相当于"knowledge-craft"（知识技能），"*liberalis*"相当于"freedom"（自由）。可以看出，强调自由精神，看重知识技能，正是科学教育的题中应有之义。

参阅几则摘自美国科学促进会文件的论述：

> 不研究科学及其与其他知识领域的关系，自由教育的固有价值和从中产生的实际效益都不能得到。像其他自由技艺一样，科学为满足人类渴望求知和理解做出了贡献。进一步说，自由教育是最为实际的教育，因为它培养了理智的习惯，这对检点审慎地处理生活事务至关重要。

> 科学教育不仅仅是要传播一些实际发生的信息：它必须给学生提供一个知识基础，使他们能够自学，以便解决他们工作时遇到的科学和技术问题；必须让他们对科学的本质和科学在社会中的地位有所了解；必须了解科学探索、研究的方法和过程。

> 自由传统维护着一种理念：科学教育绝不仅是科学知识的传授和训练。当然，这是必不可少的，但它还应该是一种关于科学是什么的教育。接受科学教育的学生应当懂得科学方法，了解它的多样性和局限性。对方法论问题，他们应当有一种感觉和能力，诸如怎么评价科学方法，如何分辨各种相互竞争理论的优势，知道在科学发展中实验、数学、宗教、哲学之间的相互作用。

> 在进行实验和用实验说明问题时，学生需要了解数据是如何依赖于理论的，证据是如何支持或否定假说的，科学中

的实际状况是如何与科学的理想状况相联系的，还要了解大量的所有与哲学和方法论有关的其他事项。

在任何科学研究中，哲学并非远远地躲在繁忙事务的表面之下。从一个最基本的层面来看，任何一本科学教材或一场科学讨论，都包含着这样一些名词：定律、理论、模型、解释、原因、真理、知识、假说、证实、观察、证据、理想化、时间、空间、领域、种类……

广义地说，"科学方法"包括两重含义：（1）适用于所有科学研究的具有普遍性的基本原理、推理规则和思维程序，可称之为"一般的科学方法"，通常简称为"科学方法"；（2）适用于特殊科学分支的专门性的操作规则、操作程序和操作技巧，可称之为"特殊的科学方法"，通常简称为专业性的"技术"。显然，归纳—确证方法、演绎—否证方法、溯因—解释方法均属第一类范畴。

有一本科学教育的教科书，书名直译是"实践中的科学方法"（*Scientific Method in Practice*），中译本将其翻译为《科学方法实践》。书中有一幅简图，它可以显示科学方法的自主性及其与科学哲学和技术的关系：

技术
科学专业
科学方法
科学哲学
哲学
普通感知力

关于科学方法的地位和作用的示意图

这里提示：一方面，科学方法处于图中一个独立的层次，这表明它具有自主性；另一方面，科学方法与科学哲学、科学专业和技术的关系是，科学哲学为科学方法奠定基础，科学方法又为科学专业和技术奠定基础。

现在，我们来简单地列出科学方法论的四项基本主张：

（1）合理性主张，即认为科学方法旨在凭借证据和论证，提出新的概念、定律和理论，解释新的现象，提出新的预测，并为诸如此类的创新提供理由，做出辩护。

（2）真理性主张，即认为科学理论具有真理性，其关键在于能够描述实在的真相，而科学方法则是达成这一目标的有效途径。

（3）客观性主张，即认为科学理论的内容来自客观的世界，而正是这一点为科学共识的达成提供了基础。

（4）实在论主张，即认为科学理论具有趋向真理的本性，而这一立场能够对科学成功的历史事实做出最佳的解释。

五　方法论对科学学习的启发

《科学方法实践》中介绍了一种科学方法论模型：PEL模型（the model of Presupposition, Evidence and Logic）。顾名思义，这一模型强调三个概念：预设、证据、逻辑。这三者"结合到一起支持科学结论"，因此"从根本上说，科学方法等于是提供所需的预设、证据和逻辑去支持一个给定的科学结论"。[1]可将这

---

[1] 高奇：《科学方法实践》，王义豹译，清华大学出版社，2005，第98页。

种关系表达如下：P+E+L→C。

请看运用PEL模型进行科学研究的示意图：

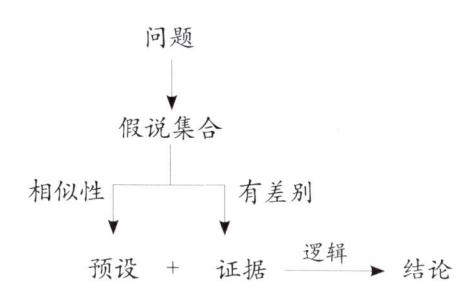

```
              问题
               ↓
            假说集合
         ╱         ╲
      相似性        有差别
         ↓           ↓
       预设    +    证据  ──逻辑──→ 结论
```

运用PEL模型进行研究。所有这些假说都支持的预设具有相似性，有差别意味着还需要发掘潜在的证据。逻辑把预设和证据结合到一起，得出结论。无关的知识封存入一个呆滞的档案中。

实例分析："杯子—硬币实验"。设想你有一只不透明的杯子、一个不透明的盖子，以及一枚硬币。让另一个人投掷硬币，硬币的正面向上时就将硬币放入杯子中并盖上盖子，硬币的反面向上时则保持空杯并盖上盖子。现在提出一个问题：杯子G里有硬币吗？可能的回答是：杯子G里有一枚硬币（假说H1）；杯子G里没有硬币（假说H2）。在普通感知范围内，这两个假说是相互排斥的，即一个假说为真时，另一个必定为假；而且这两个假说也是联合穷尽的，即它们一同展示出了所有可能出现的情形，因此我们无须再考虑其他可能性了。

现在让我们假设正确答案是H1为真，即杯子G里有硬币。那么，如何确定这一论断才合乎科学方法论的要求呢？一般说来，我们"可以提出很多各式各样的实验，都能满足要求。我们可以摇晃一下杯子,听一听有没有硬币撞击杯子丁零当啷的声音。还可以对杯子做一个X光透视。可是最简单的实验,就是把盖子掀开,向里面看一看。这里,我们事先已经设定了一个特定的结果,所以掀开盖子一看,看到一枚硬币"[①]。这个简单的实验引出了如下所述的前提和结论:前提是"我们看见杯子G里有一枚硬币",结论是"杯子G里有一枚硬币"。

就普通感知而言,这里从前提到结论的推理似乎足够合理了。然而,就科学方法论而言,这里的推理就远远不够合理了,因为"形如S,所以E"的推理是无效的。用逻辑语言来说,它是一个"不依前提的推理"(non sequitur),或者说,这里的前提是残缺不全的。而"眼见为实"就是这里所需的一个前提,可表达为"看见蕴涵存在"或"S蕴涵E"。现在,我们可以得到这样一则推理:"S,并且S蕴涵E,所以E。"这里的推理是根据两个前提导出一个结论,符合有效推理格式"肯定前件式"(modus ponens)。当然,在此我们必须承认这种推理格式的有效性,这可被视为整个科学推理得以进行的另一个前提。

为了显示科学推理的完整性,还得加上最后一个前提。"对于一个指定的人员所遇到的特定科学论证,该人员的每一项信念都属于下列各项之一:论证的结论本身,或者是一项预设,或者是一项证据,或者是一条逻辑规则,或者是档案中的一个呆滞存

[①] 高奇:《科学方法实践》,王义豹译,清华大学出版社,2005,第99页。

储项。"[1]以此检查上述推理所涉及的各项信念，就会发现还缺少"档案"这一项。何为"档案"？"这里'档案'是作为一个专业哲学名词使用的，用以代表一个人员的信念，那些对该项研究没有直接关系的全部信念。例如，当前研究的是杯子中的硬币，那么，我头脑中关于中国茶叶价格的信念，毫无疑问，就理所当然地被归入档案。相对于一项指定的研究，档案所起的哲学作用，在于给一个人员的信念提供一个完备的划分。它还承担着必不可少的实际作用，把无关的知识排除到考虑范围之外，只从相关的有限材料做出分析，便于得出结论（在关于硬币问题得出结论之前，如果把你所知道的事情、事务和事件都考虑进去，那恐怕永远也得不出任何结论）。"[2]

至此，我们可以揭示上述科学推理的完整结构了：

前提1[预设]：局部性预设，看见蕴涵存在（"眼见为实"）。

前提2[证据]：我看见杯子G里有一枚硬币。

前提3[逻辑]：肯定前件式是一则有效的推理规则。

前提4[档案]：封存与主题无关的信念。

结论C[论点]：杯子G里有一枚硬币（或H1为真）。

最后，让我们再来看一个有趣的案例研究：以麦克洛斯基的

---

[1] 高奇：《科学方法实践》，王义豹译，清华大学出版社，2005，第100页。

[2] 高奇：《科学方法实践》，王义豹译，清华大学出版社，2005，第100页。

调查统计和实验检测为例（可参阅《科学方法实践》第九章）。他设法探寻当代大学生和高中生对于物体运动的直观认识，并报告了实际的运动实验。这里所关注的问题是：对于落体运动，原力（impetus）理论和惯性（inertia）理论何者为真？当代大学生和高中生对落体运动的直观认识是怎样的（以美国学生为例）？

从历史上看，所谓"原力理论"是曾在中世纪盛行一时的运动理论。它认为，物体的运动需要借助一种"原力"来予以驱动和维持：当有一个驱动者促使一个物体产生运动时，有一种存在于物体内部的原动力将继续保持物体的运动状态；而当这种原动力消耗殆尽之时，物体的运动就会停止。与此相反，我们知道，惯性理论认为，当没有外力的作用（或者外力的合力为零）时，物体将一直保持静止或匀速直线运动状态。两种理论针锋相对，互不兼容，必有真假之别！

麦克洛斯基设计的具体例子如下：想象一个正在跑步的人手中有一个球，这个球将做落体运动。当跑步者松开手让球体下落时，它将会沿何种路线运动？麦克洛斯基列出了三种可能性：球体将随跑步者一起向前下落、直线下落或者向后下落，可分别称之为路径A、B、C。请同学们想一想，你预期的路径是哪一种？

根据麦克洛斯基的研究计划，"对落体路径的分析，将经过五个阶段。第一，从主观的维度了解人们的信念和行动。第二，利用客观的物理学内容，按照牛顿力学解释落体的实际路径。第三，从历史的维度，回顾有关运动的问题与发现，从亚里士多德到牛顿。第四，回顾教育的挑战和改革。第五，也就是最后，某种哲学反思"[①]。限于时间，这里就不再详述对各阶段的具体分析了，而只强调三个分析要点：直观信念、科学解释、对比分析。

对于球体下落运动，受试的学生们究竟持有什么样的直观信念呢？麦克洛斯基给出的调查统计结果如下：

H_A：球体向前运动，落在释放点前面。（45%受试者持有这种信念）

H_B：球体垂直下落，正对释放点下面。（49%受试者持有这种信念）

H_C：球体向后运动，落在释放点后面。（6%受试者持有这种信念）

这里的三个假说反映了不同受试者持有的不同信念。可见，假说H_B最受欢迎，也就是说，它反映了大多数受试学生对落体运动的直观信念。

为了检验这一关于直观信念的统计数据是否真实，麦克洛斯基进一步设计了一种关于行动的实验：要求受试者在跑步过程中松手让球体下落时，要尽力设法使球体击中地面上画出的目标。这种实验的妙处在于执行这一简单的行动，就能揭示出受试者关于落体路径的信念。对应上述三种假说，有三种可能的行动，其执行的实验结果如下：

[①] 高奇：《科学方法实践》，王义豹译，清华大学出版社，2005，第262页。

A_A：在到达目标之前，松手落球。（13%受试者采取这一行动）

A_B：正到达目标之上，松手落球。（80%受试者采取这一行动）

A_C：在到达目标之后，松手落球。（7%受试者采取这一行动）

"注意，这三个基于行动的调查结果，总体来说与字面的调查结果，其倾向是一致的。也就是说，支持A_B的人数最多，而支持A_C的人数最少。"[1]同学们，如果你是受试者，你会采取哪一种行动呢？

当我们从上述关于落体运动的直观信念维度转向球体实际下落的客观维度时，就会得知假说H_A才是对的，而相应的行动是A_A：球体下落时随跑步者一同前行，所以必须在到达地面上画出的目标前松手落球。对此，麦克洛斯基根据牛顿力学，给出了科学解释：一方面，当球体由跑步者手里下落时，因为没有外力改变其水平方向的速度，所以惯性使它以与跑步者相同的速度继续向前运动；另一方面，球体因重力作用而加速下落，所以当它向前运动时，同时以匀加速度向下运动。两种运动合成所形成的路径，接近于一条抛物线。

然而，在受试者中，"很遗憾，这个正确的回答居于少数派的地位。只有45%被调查的学生持有正确的信念，更为糟糕的

---

[1] 高奇：《科学方法实践》，王义豹译，清华大学出版社，2005，第262页。

是，只有13%采取了正确的行动。由此看来，即使如此简单的关于运动的事例，主观的信念与客观的事实之间都不是那么一致，这种现象太普遍了"①。

从历史角度看，情况也不容乐观："即使现在，在牛顿之后已经经过了几百年，那么多人对于物体的运动仍然保持着错误的观念，持有中世纪的原动力理论观念的人，竟然多于对牛顿力学有正确认识的人。当然了，现在已经没有任何一个人在学校里把中世纪的理论当作事实来讲，然而从运动物体的实验所透出的信息，显然，大多数人形成的直观理论仍然与原动力理论相一致。"②

前面所述实验虽然简单，但却足以提醒我们：面对现实，科学教育必要又重要；展望未来，科学教育任重而道远。

在前面所举的例子中，设计实验将信念与行动关联起来是关键点。从科学方法论的维度来看，这里既涉及客观实验对主观信念的检验，也涉及实验事实对惯性定律的确证，以及对原力理论的否证。科学方法论对科学学习和科学教育的启发意义，于此可见一斑。

最后，希望同学们尝试从PEL方法论模型视角来看归纳—确证方法论、演绎—否证方法论和溯因—解释方法论，并思考三个问题：

---

① 高奇：《科学方法实践》，王义豹译，清华大学出版社，2005，第263页。
② 高奇：《科学方法实践》，王义豹译，清华大学出版社，2005，第263页。

这三种科学方法论中分别有哪些隐含的预设？
证据在三种科学方法论中是如何发挥作用的？
这三种科学方法论各自遵循的逻辑规则什么？

知识变革与批判性思维

复旦大学哲学学院教授、博士生导师、文化教育发展中心主任 ◆ 郑召利

> 关于知识变革与批判性思维，首先要从时代及其知识的状况谈起。因为谈到知识，离不开它与时代状况的密切关系。

一 时代及其知识状况

我们经常用信息社会、知识经济、网络时代、全球化等一些字眼来概括我们今天所处时代的特征。这些概念所呈现出来的共同特点，表明当今人们的生存方式、交往方式和思维方式发生了重大变化。

二十世纪九十年代，邓小平曾经指出，我们时代的特征是和平与发展。今天我们不仅可以用和平与发展来概括，实际上还有很多词语可以用来概括我们今天所处时代的特征。比如，当今时代，人工智能的问题已经凸显出来，人们称之为"未来已来"。在过去，人工智能看起来是个遥远的未来，但在今天

随着科学技术的进步与发展，它已经变成我们必须要面对的问题了。我们还会用很多词语，比如信息社会、知识经济、网络时代、全球化等表征我们所处的时代。在谈论很多问题的时候，它们已然成了我们的背景和语境。

每个时代都是变动不居的。一百多年前李鸿章曾说过，当时的中国处在三千年未有之大变局。随着网络技术的不断发展，我们如今的时代也发生了很大的变化。但是今天时代变化的特点就是，它对人的生活方式、思维方式产生的影响大大超过了过去的时代。在过去，我们觉得用人类已有的知识可以面对或者能够把握未来。但今天的时代不同，科学技术突飞猛进，社会变化日新月异，时代的知识状况发生了巨大变革。大数据、人工智能将会在更深层次上挑战人类的未来。这种变化和挑战，给人类带来了前所未有的革命性影响：世界正从一个可以预知的世界变得越来越不可预知。科学要求我们把握因果关系，过去似乎我们知道了事物的因果联系，就能预测或把握事物的发展变化，但在今天的时代，尤其是大数据时代，未来的许多问题都充满了不确定性。

大数据时代为我们提供了海量数据，同时也带给我们过去未曾遇到过的问题，这些问题促使我们重新思考。因为事物变化的原因错综复杂，面对纷繁复杂的数据，我们所要做的是如何选择的问题，而不是去把原因、结果彻底弄明白。一方面，这种因果关系很难弄清楚；另一方面，弄清楚之后，还是要面临选择的问题。所以我们面对的更多是对未来世界的选择，而这一选择牵涉到很多不确定性，所以这个时代的人们可能就面临着很多焦虑，如工作焦虑、就业焦虑、升学焦虑等，似乎焦虑成了我们当下社会生活的普遍状况。

关于时代及其知识状况，2005年，美国《纽约时报》记者汤姆斯·弗里德曼写了一本书 *The World Is Flat*，中文书名为《世界是平的》或《扁平化世界》。在这本书中，弗里德曼描述了当代世界发生的重大变化——我们正处于全球化时期。将我们带入这个新时期的动力既有地缘政治的因素，也有技术方面进步的因素，尤其是科技和通信技术的迅速进步、个人电脑和网络的流行，以及在此基础上生产过程和创新模式的革命。在全球化时代，竞争的平台已经被推平，这就是"世界是平的"的含义。

现代信息技术使整个人类生存的空间被压缩，信息传播速度很快，用加拿大著名传播学家麦克卢汉的话说，地球都变成了"地球村"。世界变小了，变平了。而这个扁平化的世界实际上就是我们这个世界的存在状态。只要知道时间、地点、人物等要素，信息就会在世界范围内迅速传播，这在过去是难以想象的。

全球化时代的特征就是时空压缩。这种迅猛的变化，推动了文明的步伐，使其快速不停地前行。当然，"变"也带来了新的冲击和问题。所有这些变化都与人类所拥有的知识以及知识变革相关。信息技术、交通技术、网络技术是我们这个时代所拥有的具有代表性的技术和知识。互联网在过去影响还不是很大，人们只是把它当作一种通信手段。如今我们完全被互联网给捆绑住了，人们离开了手机甚至会感到惶恐和焦虑。可这就是我们今天的时代状况，是我们生存的状况，人们很难也不可能完全摆脱它，因为人们没法逃脱这个时代。这就是我们这个时代所展示出来的生存状况。

二　对"知识"概念的考察

关于知识的状况，有学者专门对"知识"概念进行过考证。从字源学的角度看，"知识"一词来自希腊语的"gnoo-"（knowledge）。这个词根在希腊语里有三层意思。

第一，是它最原初的含义，就是"私人性的""亲切的"。

第二，是"记忆的""专家意见"。

第三，是"系统的""科学的"。

其中第三层意思与我们今天的理解最接近，当我们把知识理解成系统科学的时候，我们往往可能会把另外两层意思忽视掉。因为任何概念、知识的传播都有一个过程，可能它最原初的意义就在流传过程当中消失了。恰恰是这种消失，导致我们对于知识问题的理解不够全面。

而知识的重要性不言自明。在西方哲学史中，学习知识论是自古希腊以来的重要传统。亚里士多德在《形而上学》中开篇就说：求知是人类的本性。

为什么要求知？过去曾经有一句话说，人在世界上就干两件事情，一件事情叫认识世界，一件事情叫改造世界。认识世界是为了改造世界，而改造世界必须要认识世界。进一步追问的话，改变世界是为了什么？我们并非为了改变而改变，我们的改变是需要朝某个方向去改善我们生活状况的。因而认识世界就成了非常重要的一个方面，认识世界是我们人的本性。

亚里士多德说人们因为出于好奇，对世界上很多事情产生了兴趣，但是这些事情我们无法解释，于是就慢慢通过我们的观察、经验，通过日常生活的感受，不断地积累，把经验不断提升，这就变成了对这个事物的普遍解释。这普遍解释得到大家的认同，逐渐就变成了我们所说的知识。

柏拉图在《泰阿泰德篇》对知识进行了定义，他认为知识必须具备三个条件：第一，信念的条件；第二，真的条件；第三，证实的条件。这三个条件缺一不可。柏拉图认为知识是经过证实的真的信念。

在人类的蒙昧时期，一些所谓的"知识"多半来自神话，来自神的启示。当人类走出蒙昧，不再只是用神话建构世界观的时候，人类的理性开始觉醒，人类通过自己的感觉获取对外界的认知，形成自己的判断。通过我们的经验，通过我们个人的感觉，我们获知了事物的一些属性，了解了事物的功能，对事物的本性有了一定的认识。那么，这是否是知识？苏格拉底发觉了我们在形成认知时的问题。因为我们的感觉具有相对性。我们的个人感觉是有一定条件的和局限的。如果我们仅仅满足于感觉的话，我们看不到事物的真相，因为感官会经常欺骗我们。

既然感觉是相对的、暂时的、有条件的，不是普遍的、必然的、稳定的，就不能叫知识。那么知识是什么呢？人们在讨论的过程当中认识到，知识是一种信念，即我相信它是真的，但是信念本身并不能作为知识，我们可能会有一些错误的信念。知识其实是一种经过证实了的正确的信念。在那个时代，人们对知识的理解就是把知识看作是一种正确的信念，而且是必须经过证实的正确的信念。

当我们建立对知识的这种认识之后，知识就是普遍的、必然的、稳定的。它是对同类事物普遍本质的一种揭示。有很多方法来帮助我们形成知识，最普遍的方法就是通过经验的累积并加以提升，形成概念，这就是归纳的方法。

我们习惯把知识理解为普遍的、必然的和稳定的，把它看成是一个概念或概念系统，而忽略了它的最初含义，即"私人性的"和"亲切的"。我们往往是比较固定地把知识当成是一种情况，但知识是一个过程。

知识是一个有深度的过程、一个沿着时间演变的过程，不可以被表述为平面化的概念。知识是可观测的过程，无法被静态的概念取代。那么知识就是动态的，随着时代的发展，知识内涵、所面对的东西又发生了变化。当人类处在用神话建构世界观的时候，那时人类的理性还不足够发达，只能用一些神话及传说来解释事物和现象。人类为什么需要世界观？因为世界观是人类对宇宙自然、社会生活的认知系统和解释模式。人类需要知道自己在世界中的地位。如此，人类方能感到踏实，有所安顿。所以学习知识是为了在面对自然界、面对社会、面对无知领域的时候，我们能有力量。所谓有力量，就是人类拥有了一定的征服外在自然的工具和手段。

过去人类用神话的世界观来解释世界，自从人类有了理性，运用哲学的思维的方式观察世界，情况就有了很大不同。人类依据观察、经验和实验，发展了科学。科学不仅解释世界，还在不断地改变世界。随着科学的进步，人们对这个世界认识的深度、广度都在不断地拓展。

历史发展过程是充满变化的，概念本身始终在流动，流动让我们学习知识的过程就不能够简单地从书本到书本，从概念到概念。否则我们学到的都是死知识。

德国社会学家舍勒在《知识社会学的尝试》（1924）中首先使用"知识社会学"的名称。这里"知识"一词的含义包括思想、意识形态、法学、伦理、哲学、艺术、科学和技术等观念。知识社会学主要研究思想、意识形态与社会群体、文化制度、历史情境、时代精神、民族文化心理等社会文化之间的联系。

知识社会学主要研究上述这些社会文化因素如何影响思想和意识形态的产生和发展。知识社会学是一门研究知识与社会的关系的科学。它既是社会学中的一支，又是认识论的一部分。作为认识论的一部分，它专门研究知识或思想所受社会条件的制约。

另外一个知识社会学的代表人物叫曼海姆。他强调人的意识不可避免地依赖于人的社会地位，这是全部认识论的基本要素。他认为知识的主要形式是政治知识和人文社会科学知识，这些知识是"受存在制约的"，也就是说，知识是"依赖于境遇"或"与境遇有关的"。这是一种意识形态的知识，它是由知识持有者的生存条件决定的。不同的文化背景，不同的意识形态，不同的社会地位、相关利益都会使我们对事物产生不同的理解。世界是复杂的，我们不仅跟这个世界有认识与被认识的关系，我们还有一些伦理的关系、审美的关系等，这使得我们在做出判断的时候，不仅要考虑真与善，还要考虑它美与不美的问题。

曼海姆认为，认识论必须克服"静态的"真理观的状况。按照静态的真理观，真理和"真"之意义是永恒的。认识论必须承认真理是一个历史过程:"真"之意义是随着时间而变化的。

当代知识社会学的发展,愈来愈走向经验研究,主要是研究知识的生产、储存、传播和应用。当代大规模的知识生产和传播,导致形成了一种知识密集的社会。

知识社会学关于"知识"(思想观念)的生产和传播,要受社会和时代条件的制约,与马克思"社会存在决定社会意识"的观点正相一致。社会存在决定人们的社会意识,即人们的生活决定人们的观念而非相反。反过来讲,知识的演化和变革,不仅反映社会的变革,而且反作用于社会生活,成为推动社会生活变革的力量。正如习近平所说:"人类社会每一次重大跃进,人类文明每一次重大发展,都离不开哲学社会科学的知识变革和思想先导。"

马克思在《共产党宣言》中指出:"资产阶级除非使生产工具,从而使生产关系,从而使全部社会关系不断地革命化,否则就不能生存下去。……生产的不断变革,一切社会关系不停地动荡,永远地不安定和变动,这就是资产阶级时代不同于过去一切时代的地方。一切固定的古老的关系以及与之相适应的素被尊崇的观念和见解都被消除了,一切新形成的关系等不到固定下来就陈旧了。一切固定的东西都烟消云散了,一切神圣的东西都被亵渎了。人们终于不得不用冷静的眼光来看他们的生活地位,他们的相互关系。"

马克思"一切固定的东西都烟消云散了"这句话,也恰好印证了知识变革对社会的巨大作用。历史上的变革不断出现,于今为甚。在急剧变化的时代,知识领域思维方式的变革尤为重要。

三 变动不居的时代需要批判性思维

在互联网时代,每天都在生产着大量的信息。这些信息被生产出来的速度与我们消费的速度一样快。在理想的状态下,信息的产生方,例如媒体,需要提供准确、可靠、全面的信息。但是在实际过程中,由于种种外在原因(传播中的曲解、利益集团对信息的操控等),以及信息的生产者缺乏相应的逻辑思维训练,接受者得到的信息往往是错误的、被扭曲的、片面的信息。我们可以被引导,被利用,甚至可以被很多信息控制。

我们如何去分辨各种知识和信息?这需要智慧。知识不等同于智慧。我们的时代并非没有知识,而是缺乏智慧,把知识转化成智慧,转识成智是我们需要做的事。知识面对的是客观的对象,而智慧可能更多地是对人生问题的一种领悟。我们需要智慧,同时我们也需要知识,有了知识不见得有智慧,而非常有智慧的人也不见得就有很多知识,但是有智慧的人不能完全处于一种无知的状态。

我们如何能够把握住时代,能够正确认识时代,跟我们思维方式有很大的关系,而批判性的思维对我们来说是最成熟的一种思维方式。

批判性思维十分重要,美国哲学家杜威在《我们如何思考》一书中指出,批判性思维是"对观点和被认同的知识所采取的主动的、持续的、仔细的思考;其方式是探究知识具有什么样的支撑,可以得出什么样的结论"。

批判性思维要求我们在思考过程中，不盲目接受现成的观点，不墨守成规，敢于质疑现有知识系统，其目的在于坚定我们的信念和行动。因此对于很多问题，我们可以有自己的态度，坚持自己的观点，但是一定要有论证和深思熟虑，一定要对自己的观点做支撑性的说明，即要有哲学思维，否则只能是人云亦云。

知识并非是千篇一律的、永恒不变的东西。任何知识都有它的边界，即它的应用范围。知识有流变的过程，即使被称作科学的东西也在不断地更新、突变，甚至推翻之前的结论，形成科学范式的变化。如果没有批判性思维，这一切都不可能。

但这里要说明的是"批判性"不等于"批判"。它不是单纯的否定、指责和质疑，而是指审辨式、思辨式的评判，是在质疑中提出合理的疑问，多是建设性的。批判性思维能够引导人们有意识地打破思维"禁区"，避免思维"误区"，走出思维"盲区"。

批判性、创造性思维已是各国公认的核心素养。批判性思维不仅本身是一种重要品质，而且是未来核心素养的基础。很多国家及国际组织普遍强调的未来核心素养都强调4C，即批判性思维（critical thinking）、沟通能力（communication）、创新（creativity）、合作（collaboration）。

良好的沟通是在相互理解和信任的基础上进行的，创新是以问题和挑战精神为前提的，合作需要有尊重和自尊为条件，而这些都是批判性思维的内在要素，它们相互依存，共同促进。

许多国际组织和国家纷纷提出培养核心素养的纲领或计划：经济与合作组织通过调查得到的最受推崇的未来能力是：领导

力、人生规划与幸福生活、跨文化与国际理解、公民责任与社会参与、批判性思维、学会学习与终身学习、自我认识与自我调控、创造性与问题调控、沟通与合作素养。美国提出的核心素养框架是：生活与生涯能力，学习与创新能力——创造力与创新、批判性思维与解决问题、交流沟通与合作，信息、媒体和技术能力，等等。日本制定的二十一世纪关键能力框架是：实践力、思考力，包括问题解决力、批判性思维、元认知能力等。新加坡二十一世纪素养的框架则把交流、合作和信息技能，公民素养、全球意识和跨文化交流技能，批判性、创造性思维作为核心。

虽然各国文化差异明显，但"批判性思维"都受到高度重视，无不被放在突出位置。

哈佛大学校长德鲁·吉尔平·福斯特在2017年的新生开学典礼上的致辞中说："我们需要具备勇敢、宽容和谦逊的品质，愿意参与到知识社群的辩论，愿意包容他人的想法，并愿意基于理性和证据改变自己的观点。不过，这些不仅仅是我们希望在每个学生身上培养的重要智力技能，还是至关重要的基本能力——做出判断和评估事实的能力，以及在新事实面前虚心学习和自我成长的意愿。"她引用了哈佛艺术与科学学院已故的前任院长杰里米·诺尔斯在欢迎本科新生的年度典礼上的一句致辞，他所认为的高等教育的最重要目标是：确保毕业生能够辨别"有人在胡说八道"。

四 批判性思维的要素

批判性思维，即审慎地判断是非和正确决策的能力，是集知识、价值和思维方法于一体的综合能力和品格。它包含以下要素：

其一是理性。尊重事实，实事求是。要做到实事求是并不是只遵守逻辑就能做到的。理性以科学知识和逻辑规则为基础，但还要排除情绪、利益、偏好的干扰，保持冷静客观的态度和立场。

其二是怀疑。保持审慎的态度和质疑的精神，既不轻易否定，也不轻易肯定，根据确凿的事实和证据进行判断。波普在讲到科学发展的时候强调，首先要从问题开始，问题源于对过去解释的不满意，过去的解释有破绽和不完全的东西，于是我们把问题提出来；而要解释这个问题需要通过实验，于是一种新的解释就产生了；新的解释可能又会有新的问题，于是科学就这样不断发展。所以提出一个问题有时往往比解决问题还重要。而我们如今的教育对这一块却不够重视。

其三是独立。不盲从，自己独立做出判断。独立性需要自尊的同时尊重别人，不自恋也不自弃。批判性思维让所有的人都有同样的权利可以诉说，可以表达，但是这种表达一定是谨慎的、深思熟虑的结果，而非任意的判断。

其四是责任。批判性思维是一种社会性思维，是对社会的责任体现，许多放弃批判精神的人首先放弃了社会责任。

其五是反思。批判性思维还是一种反思的意识，一种对自我、对文化意义的追问。反思是人类成熟的重要成果和重要标志。

人们思想的发展需要经历从无知到无知的确定性再到批判性思维的过程。所谓的确定性仍然建立在我们无知的状态当中，我们表面上学了很多知识，但实际上我们还是处在一种无知状态中，而我们要敢于承认自己的无知状态。人类正是因为承认自己的无知状态，所以才勇于去求知。无知的确定性阶段是盲目确信的阶段，我们很容易相信一些确定性的知识，我们在这个阶段当中所做的很多训练都是去寻找标准答案，但我们不应该停滞在这个阶段。因为标准答案未必是它的正确答案，跟真理也并无必然联系。我们所要做的是必须先建立对所谓确定性的思考。

我们确实接受了很多的知识，是有知，但有知可能会导致混乱。我们需要进行进一步的思考，哲学思考不是得出一个简单的答案，而是帮我们把思考引向更加广泛的政治领域当中，让更多的思想能够呈现出来。人类思想的百花园应该是丰富多元的，而在这个多元形态中，我们需要学会去判断，这个更加成熟的思维阶段即批判性思维。在这个阶段我们才可以在各种不同说法之间，通过分析取证、推证的方式做出判断，论述出更具说服力的说法。

在培养批判性思维时，我们必须做到要能够平等地接受别人的观点，这是一种互主体性或者主体间性，即当你表达自己的意愿时，别人同你一样也有表达自己意愿、观点和态度的权利，我们要在平等的基础上各自阐释、争辩和论证。在这个过程中，我们逐渐形成对很多事情的理解，一些问题也会自然呈现出来。

概括地说，批判性思维具有两个特征：第一，批判性思维善于对通常被接受的结论提出疑问和挑战，而不是无条件地接受专家和权威的结论。第二，批判性思维用分析性和建设性的论理方式对疑问和挑战提出解释并做出判断，也就是说能够把提出的问题做出创新性回答，这是批判性思维的核心。

我们在我们的思维方式当中能够独立地做出自己的判断，不再人云亦云，我们能用所学的知识帮助我们来判断；同时拥有这种思维后，我们就不再惶恐，我们有自己的尺度，因此面对未来不确定等问题，我们就有一种安顿的理念、安顿的理想。即使判断有误，我们也可以进行修正。

认识既可以是正确的，也可以是错误的。即使在错误的认识当中，我们也可以经过不断的分辨而把相对正确的东西呈现出来，让更多人去接受。如果没有错误的这一方，正确的一方也无法表达出来。如果对立的那一方彻底消失了，就容易变成强权和压迫，所以批判性思维需要包容。

当我们学了很多的知识，不断进行思维训练时，当我们做出判断时，当我们面对未知的领域时，当我们面对未来时，不管我们做什么样的选择，都要注意两点：第一要负责任；第二要不再畏惧。这需要一种强大的力量。这一强大力量来自我们的内心，来自我们认识事物的思维模式经过反复锤炼，渐以成熟。一旦我们拥有了这种成熟的思维模式，当我们面对很多难题的时候，即使一时得不出正确的答案，但我们总是能朝着正确的方向行走，从而能够知人论世，宠辱不惊，拒绝愚蠢，实现自身的强大。

五 批判性思维如何养成

要养成批判性思维，需要突破"认知边界"。认知边界，不是经验知识构成的边界，而是思维结构造就的边界。人类的既有思维构成了生活的边界，即边界由思维模型所定义，突破边界的钥匙也在思维模型里。突破思维的遮蔽性和认知边界需要批判性思维。我们以为是"我"在做决策，其实是我们的"思维模型"在做决策。

你看起来像一个人一样在思考，你对每一个场景进行判断，做出决策，采取行动，但所有最终的复杂行动，是否真的是你理性思考的结果？有心理学家认为，人的大脑有两种心智：一是直觉，由基因决定；二是理性，甚至理性也不是由主体决定的，而是由你主体脑子里边既定的思维模型来决定的。换句话说，人类有99%的行为，是由基因决定的自发式反映。

总之，逻辑思维必须满足以下条件：

1. 一致的、不自相矛盾、不含混、不模棱两可。
2. 不与公认的事实或理论相冲突。
3. 可检验：我们禁止的是原则上不可检验的假说。
3. 拒绝循环解释：简单地重述待解释的现象。
4. 避免不必要的假设。

我们需要规避那些消解批判性思维的因素，诸如权威光环、爱屋及乌、人云亦云、一叶障目、自以为是等自我陷阱，以及社会刻板效应和合理化等他人陷阱。总之，诸如此类的误区都是批判性思维的障碍，或者批判性思维只有突破这些误区、才能发展起来。逻辑训练、写作练习、辩论交锋等，都非常有助于提高批判性思维能力。

批判性思维不是要把我们每个人都培养成满腹狐疑的人，不是为了质疑而质疑。我们质疑的前提是发现了问题，我们质疑是为了更好地去见证，更好地创新，更好地建构，而不是变成一个怀疑主义者。总之，诸如此类的误区都是批判性思维的障碍，或者说批判性思维只有突破这些误区才能发展起来。批判性思维是一门思考过程的艺术，学习与运用批判性思维能够帮助人们实现独立之思考，从而追求自由之精神，培养独立之人格，才能够真正帮助我们学会以变应变，胜任未来。我们需要做的是不断去建构，把批判性思维变成我们的核心素养。

◆ 师生问答 ◆

学生提问：
理性的价值是很好的要素，这样一个判断又是从哪里来的？
老师回答：
我们做任何判断都有一定的基础，这个基础就是我们原有的一些知识储备。这是我们做判断的基础和前提，但是对于我们原有的知识储备，我们还是要保持一种反省、反思的态度，即这种东西是否能够成为我进行判断的一个根据。很多人经常根据常识来描述事情，但是常识也具有一定的迷惑性，因为常识不是经过论理得出的，而经常是借助他人的经验得出的。

常识成为判断的根据在于我们要有一个自我反省、自我批评的环节，我们要对我们原有的知识储备有所警醒，我们并非总是站在一个正确的立场上看问题，因为我们自己的观点可能会受到很多的限制。因此我们做判断要尽可能做到全面，就必须要有一种哲学的思考。即使很难做到全面，也要对自己的判断进行合理的支撑与说明，要保持谨慎，而非随心所欲地去做判断。

学生提问：

在批判性思维的另外一面，感性的生活对我们有没有另外的价值？在批判性思维面前它有怎样的空间？

老师回答：

我们思维方式的培养肯定无法脱离感性的结合，如我们在行动的过程当中肯定要有经验的东西，经验不仅有个人经验，还有人类的总经验。这些经验在我们的精神领域当中，本身就包含着情感维度。精神结构有三个方面，即知、情、意。知是理性的，而情感和意志都是非理性的。实际上我们在做出判断或形成我们的思维时不可能脱离情感和意志对我们的影响，情感和意志仍然十分重要。关键是我们在理性、情感和意志之间达成怎样的一致性。

用柏拉图的观点看，我们必须要用我们的理智去协调情感和意志，情感和意志就像驾驭马车的两匹马。情感和意志来自人内心的一种欲望、一种内在需求，但是理性要平衡这两者，即我们在做判断时不能让这种情感完全左右我们，不能把其当作判断事物的最重要的方面，因为它很可能会让我们在情感的驱使下逐渐失去自我的理智。但理智也不能够脱离情感和意志，如何达成三者的平衡，就像驾驭马车的车夫，关键在于如何协调。

学生提问：

老子在《道德经》里面说"虚其心，实其腹，弱其志，强其骨"，如果很多人都变得具有批判主义，具有批判性思维，那么他们是否会更容易做事情想太多，反而更难做成事情？

老师回答：

批判性思维能力是我们所需要具备的基本素养，但是我们不能为了质疑而质疑，为了批判而批判。在我们形成批判性思维的过程当中，我们会遇到很多阻力。批判性思维不是把大家培养成一个满腹狐疑的人，所以我们在怀疑过程当中，需要谨慎和适度，如果没有限度的话，就没有人去做实事了；但也不能因为这一点就放弃我们的批判。所谓批判性思维并非我不轻易接受你的观点，这两者并不矛盾。什么时间、什么场合进行什么程度的批判性思考，这是生活的艺术，没有一个特定的公式来照搬。也许通往目标的道路非常曲折，也许在现实当中会遭遇很多问题，但即使这样我也不放弃，如此才会受到别人尊重，而不是在这种挫折当中把自己变成一个机会主义者。

当我们还辨不清的时候，先不要争论，而是先去试，去做。邓小平说，不争论是他的一大发明，此话充满实践智慧。当我们难以争论清楚时，与其在那浪费时间，不如先去做。在实践中摸索，在实践中提升。

图书在版编目（CIP）数据

认识自我 / 孙向晨，林晖总主编；林晖本册主编. —济南：泰山出版社，2022.2
（复旦哲学讲堂）
ISBN 978-7-5519-0681-4

Ⅰ.①认… Ⅱ.①孙…②林… Ⅲ.①人生哲学—青少年读物 Ⅳ.① B821-49

中国版本图书馆CIP数据核字（2022）第025193号

RENSHI ZIWO

认识自我

策　　划	胡　威
总 主 编	孙向晨　林　晖
本册主编	林　晖
责任编辑	王艳艳
装帧设计	路渊源

出版发行	泰山出版社
社　　址	济南市泺源大街2号　邮编　250014
电　　话	综 合 部（0531）82023579　82022566
	市场营销部（0531）82025510　82020455
网　　址	www.tscbs.com
电子信箱	tscbs@sohu.com
印　　刷	山东通达印刷有限公司
成品尺寸	148 mm×210 mm　32开
印　　张	5.75
字　　数	160千字
版　　次	2022年2月第1版
印　　次	2022年2月第1次印刷
标准书号	ISBN 978-7-5519-0681-4
定　　价	38.00元